KB138953

과학이슈 하이라이트

미래로봇

과학이슈 하이라이트 Vol.1

미래로봇

초판 2쇄 인쇄 2022년 11월 1일

글쓴이 전승민
펴낸이 이경민

편집 이용혁
디자인 문지현

펴낸곳 ㈜동아엠앤비
출판등록 2014년 3월 28일(제25100-2014-000025호)
주소 (03737) 서울특별시 서대문구 충정로 35-17 인촌빌딩 1층
전화 (편집) 02-392-6901 (마케팅) 02-392-6900
팩스 02-392-6902
이메일 damnb0401@naver.com
SNS

ISBN 979-11-6363-420-1 (43550)

※ 책 가격은 뒤표지에 있습니다.
※ 잘못된 책은 구입한 곳에서 바꿔 드립니다.
※ 이 책에 실린 사진은 위키피디아, 셔터스톡및 각 저작권자에게서 제공받았습니다.
사진 출처를 찾지 못한 일부 사진은 저작권자가 확인되는 대로 게재 허락을 받겠습니다.

미래로봇

전승민 지음

동아엠앤비

펴내는 말

과학이슈 하이라이트는 최신 과학이슈를 엄선하여 선정해 기초적인 과학 지식에서 최근 연구 동향에 이르기까지 풍부한 정보와 더불어 이해를 돕는 고품질 사진과 일러스트를 담고 있다. 깊이 있는 분석과 상세한 설명, 풍부한 시각 자료를 통해 과학에 관심이 많은 독자와 학습에 도움이 되는 자료를 찾는 학생 모두에게 유용한 교양 도서이다.

그 첫 번째 테마로 남녀노소 할 것 없이 관심을 가지고 있고, 또 사랑받고 있는 '로봇'을 선정해 보았습니다. 체코 작가인 카렐 차페크의 희곡 《로숨의 유니버설 로봇》에 처음 '로봇'이란 단어가 등장한 이래 로봇은 다양한 매체와 현실 속에서 인간의 친구이자 경쟁자 자리를 차지해 왔습니다. 실제 위에서 언급한 희곡에서도 로봇은 인간을 상대로 반란을 일으키는 역할입니다. 아마도 인간은 로봇을 상대로 친근감보다 두려움을 먼저 느끼는지도 모르겠습니다. 영화나 애니메이션 등에서 로봇이 인간을 위협하는 구성은 심심찮게 발견할 수 있습니다.

그러나 현실에서 로봇은 픽션 속에서의 모습과 달리 인간의 경쟁자가 아닌 조력자의 역할을 맡고 있습니다. 애초에 로봇의 어원은 체코어로

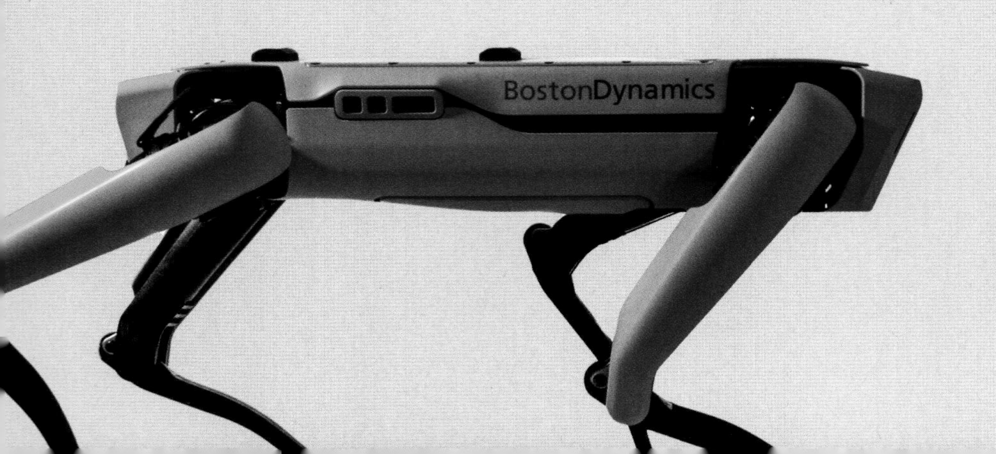

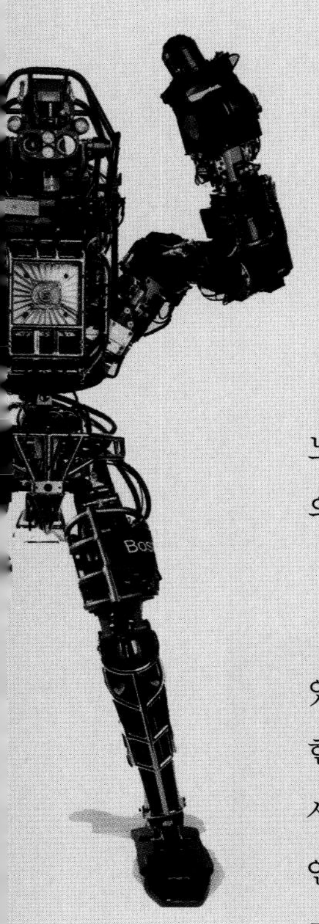

노동을 의미하는 robota에서 유래되었다고 합니다. 이름에서부터 로봇의 역할과 운명을 드러내고 있습니다.

이 책에서는 인간에게 도움을 주고 있는 다양한 로봇들을 소개하고 있습니다. 재난 현장에서 사람 대신 작업하는 로봇, 어려운 수술을 보조한다든지 불편한 신체 부위의 재활을 도와주는 로봇, 공장 생산 라인에서 협업을 하는 로봇에서 비행기나 선박을 대신 조종해 주는 로봇, 길 안내나 물건 배달을 하는 로봇 등 인간을 위해 온갖 궂은일을 떠맡아 하고 있습니다.

넓은 의미로 볼 때 엘리베이터나 세탁기, 자판기도 로봇에 해당합니다. 이러한 로봇들이 우리 일상에서 얼마나 불가분의 존재인지, 그리고 로봇 기술의 발전과 함께 미래는 어떠한 모습을 띠게 될 것인지 이 책을 통해 엿볼 수 있기를 기원합니다.

앞으로도 과학이슈 하이라이트 시리즈는 독자 여러분들이 궁금해 할 최신 과학 키워드를 '더 깊게, 더 넓게, 더 쉽게' 전달해드리고자 항상 노력할 것입니다.

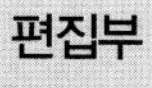

편집부

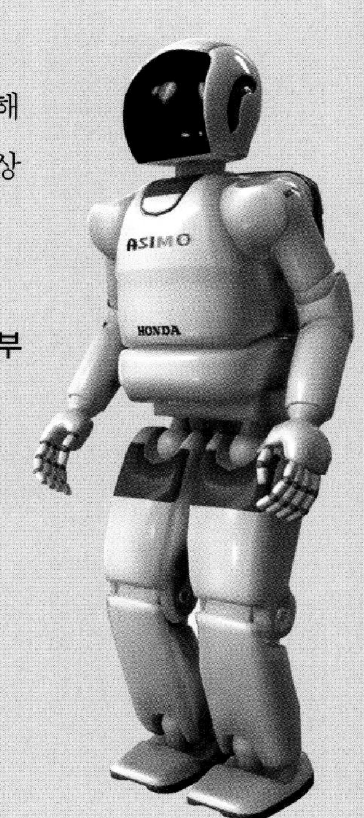

CONTENTS

들어가는 말

"이번 연구 결과는 과학사에 길이 남을 만한 가치가 있습니다. 중력의 급격한 변화가 만들어내는 '파장'을 관측할 수 있게 된 것으로 우주 탄생의 비밀을 밝히는데도 큰 도움이 될……."

"아아, 그만, 알았어. 그래서 결국 뭐가 좋아진다는 거야?"

2014년 3월의 일이다. 과학 담당으로 일하던 같은 팀 후배 기자 한 명이 세계 최초로 '중력파'가 발견됐다는 소식을 보도해야 하니 신문 지면을 할애해 달라고 데스크에 요청했다. 그러나 차장은 설명을 채 다 듣기도 전에 말 허리를 잘라 버렸다. 후배 기자가 "왜 다 들어보지도 않느냐."며 불만을 토로하는 것을 보면서 '나도 예전엔 저랬었지.'라는 생각이 들어 담담히 웃었던 기억이 난다.

오랜 기간 과학 기자를 하며 편집 팀으로부터 가장 많이 들었던 말은 "그래서, 결국 뭐가 좋아진다는 거냐."는 질문이었다. 사실 그들의 논리는 매우 타당했다. 독자들은 복잡한 과학 지식을 구구절절 설명하는 글을 읽기 싫어한다. 그저 "좋은 연구 성과가 나왔다고? 그럼 우리의 삶은 얼마나 달라지는 거지?"라는 매우 상식적인 궁금증에 대한 답을 원하고 있을 뿐이다. 과학적 원리에 대한 설명은 그 답을 내놓은 다음에 별개의 기사를 통해 할 수 있는 이야기였다.

나 역시 경험이 쌓이기 전에는 이러한 논리를 마음 깊이 실감하지 못했다. 그저 매일 아침 회의 때마다 같은 방식의 설명을 반복하려 들었고, 그러면서 매번 나오는 똑같은 반응에 혼자서 투덜댔다. 하지만 고참이 되고 미처 몰랐었던 여러 사실을 알아가면서 그런 투덜거림은 치기 어린 젊은 기자가 '뭘 몰라서' 하는 소리에 불과했다는 사실도 알 수 있었다.

과학 기술 분야 정보는 설명하기가 쉽지 않다. 연구 내용 그 자체만 놓고 보면 "과학자들은 도대체 왜 이런 엉뚱한 일에 관심이 많은 거지?" 싶은 경우가 한두 번이 아니었다. 이런 '과학과 기술의 가치'를 대중들이 알기 쉽게 적어 나가려면, 아니 그 이전에 편집자를 설득하려면 '이로 인해 인간의 삶이 어떤 점에서 달라지는지'를 알아야 했다. 결국 공부를 해 나가는 것 이외엔 방법이 없었다. 기사를 쓸 때 물리학과 화학, 전자 공학, 생명 공학 등 수많은 분야에서 이뤄지는 다양한 연구를 들여다 봐야 했다. 궁금한 점은 모아 두었다가 과학 기술자들을 만날 때마다 물어보아 하나씩 정리하곤 했다.

얼마 전 인터넷에서 "사랑하면 알게 되고 알게 되면 보이나니, 그때 보이는 것은 전과 같지 않으리라."라는 말을 본 적이 있다. 아마도 조선 시대 문호 유한준이 남긴 명문장을 현대식으로 다듬은 것으로 생각됐는데, 원문은 '知則爲眞愛 愛則爲眞看 看則畜之而非徒畜也(지즉위진애 애즉위진간 간즉축지이비도축야)'이다. 뜻을 좀 더 명확하게 적어보면 "알면 참으로 사랑하게 되고, 사랑하면 참으로 보게 되고, 볼 줄 알게 되면 모으게 되니, 그것은 한갖 모으는 것은 아니다."라는 뜻이다.

이 책은 그렇게 모은 한 과학 기자의 노트를 정리한 것이다. 과학 기술자들이 받을 수 있는 질문인 '그래서 좋아지는 게 뭐냐?'에 대해 '미래 사회가 이렇게 바뀝니다.'라는 답변이 대부분을 차지한다는 점에서 착안했다. 첨단 과학 기술의 연구 흐름을 최대한 정리하고, 그 답을 통해 과학 기술의 중요성을 강조해 보았다. 앞으로 수십 년이 더 지나 우리가 살아가는 세상이 어떻게 변해갈지, 그 과정에 어떤 과학 기술이 필요할지도 알기 쉽게 정리해 보려고 노력했다. 중고등학교 학생들에겐 미래 기술에 대한 청사진을, 과학과 기술에 관심이 큰 일반인들에겐 다양한 상식을 얻을 수 있도록 배려했다. 전문가들에게도 '미래는 이런 방향으로 바뀌고 있다.'라는 흐름을 요약해 본다는 점에서 다소나마 도움이 되리라 믿는다.

이 책은 '과학이슈 하이라이트' 시리즈의 첫 권으로 준비했다. 우선 긴 취재 과정에서 가장 많은 공을 들였던 '로봇 기술'의 미래에 대해 모아 보았다. 앞으로 의료 기술, 통신, 디스플레이 등 다양한 분야의 미래 기술에 대해서도 짚어볼 욕심을 가지고 있다.

취재 때마다 이어지는 수준 낮은 내 질문들에도 매번 친절하게 살펴 주셨던 국내 과학 기술자와 의료 전문가 여러분께 크나큰 감사를 전하고 싶다. 또 저자의 주관을 표현한 내용 이외에, 모든 근거 자료는 언론 윤리에 따라 사실에 근거해 작성했다는 점도 밝혀둔다.

2021년 4월에 전승민

01

FUTURE

ROBOT comes into being

로봇, 태어나다

영화 속 로봇과 현실 속 로봇

영화 속 로봇

현실 속 로봇

“로봇이 지저분하고 힘든 일을 알아서 척척 해 주는 날은 언제쯤 오게 될까요?”

VS

“로봇이 인간에게 반항하며 지배하려고 들면 어떻게 하지요?”

로봇이라는 주제를 가지고 주위 사람들과 이야기를 나누는 경우가 많다. 사람들의 반응은 상당히 다양하지만 잘 정리해 보면 대다수 사람이 '로봇'에 대해 우선적으로 '내가 하기 귀찮았던 일을 대신해 주는 존재'를 떠올리는 것 같다.

사람들은 왜 '로봇'을 보면 이런 생각을 먼저 품게 되는 것일까. 아마도 수많은 영화나 만화 속에 등장하는 로봇의 영향이 아닐까 싶다. SF(과학 픽션) 작품을 통해 로봇들이 집안일을 돕거나 심부름을 해 주기도 하고, 위험한 상황에 나타나 악당(?)을 척척 무찌르기도 하는 활약상을 본 기억이 있기 때문일 것이다. 로봇의 일생을 그린 영화 '바이센테니얼맨', 로봇이 반란을 일으키는 내용의 '아이로봇', 로봇의 진화 과정을 그린 영화 '오토마타' 그리고 로봇이 치매 환자를 돕는 '로봇 앤 프랑크' 등 수많은 영화 속에서 로봇은 인간을 돕거나, 인간 대신 일을 하곤 한다.

그렇다면 이처럼 '궂은일을 도맡아 해 주는 로봇'은 언제쯤 현실 속에 등장하게 될까. 사람처럼 두 발로 걷고 두 팔로 일하는 로봇이 연구되고 있고, 그 성능은 해마다 높아지고 있지만 당장 수십 년 사이에 가사를 도맡아 할 수 있으리라고 예상하기는 힘든 것이 사실이다. 이는 로봇 몸체를 만드는 기술보다 주변 환경을 완전하게 인식하고, 로봇 스스로 모든 상황에 종합적으로 대처할 수 있는 '사고 능력'을 개발하기 어렵기 때문이다.

영화 '바이센테니얼맨'의 주인공 로봇 '앤드류'가 주인집 딸과 놀아주고 있는 모습. 로봇은 많은 영화 속에서 인간들이 원하는 작업을 척척 처리해 주는 존재로 그려진다. 로봇에 대해 '뭐든지 해 주는 친절한 존재'라고 생각하는 사람이 많은 이유 중 하나다.

아마도 가사를 전담할 수 있는 로봇의 등장은 인간의 두뇌에 필적하는 '인공지능(AI)'이 개발된 다음에야 가능할 것이다.

여기까지 대화가 진행되면 열에 아홉은 다음과 같은 질문이 이어지는데, "인공지능을 가진 로봇을 개발한다니, 그런 로봇이 사람에게 반항하고 인간을 해치려 들면 어쩌려는 것이냐."라는 우려이다. 이 경우도 아마 '터미네이터' 등의 영화에서 악한 로봇이 등장해 인간을 공격하는 내용을 보았던 사람들이 흔히 갖게 되는 생각인 것 같다.

영화 '터미네이터 다크페이트'의 악역 로봇 'Rev-9'. 주인공 대니를 죽이기 위해 끊임없이 따라다니는 미래에서 온 암살자다. 이 같은 디스토피아 성격의 영화를 인상 깊게 본 사람이라면 무의식 중에 로봇과 인공지능 기술의 위험성이 크다고 여기는 경향이 있다.

로봇의 미래를 긍정적으로 보는 사람도, 인간을 공격하고 지배하려고 드는 '디스토피아(암울한 미래)'로 보는 사람도, 공통적으로 영화나 그 밖의 다른 여러 작품 속에 등장하는 로봇의 모습을 은연중에 '미래의 로봇의 모습'으로 여기는 경향이 있다. 지금은 과학 기술이 부족해서 그렇지, 점점 더 발전하면 언젠가는 로봇이 사람처럼 걷고, 말도 하고, 생각도 할 수 있는 존재라고 믿고 있는 것이다.

물론 먼 미래에는 SF 작품에 등장하는 로봇처럼 '생각할 수 있는 로봇'이 등장할지도 모르는 일이다. 하지만 당장 가까운 미래에 우리 생활을 바꿀 로봇의 모습은 영화 속의 그것과 큰 차이가 있다는 사실도 꼭 알아야 한다. 현재를 살아가는 우리가 누릴 수 있는 미래는 불과 수십 년뿐이기 때문이다.

로봇이란 본래 '일을 하는 사람(노예)', 혹은 '고된 일'을 뜻하는 체코어와 슬로바키아어 로보타(robota)에서 온 말이다. 가까운 미래에 현재 개발 중인 '로봇 기술'을 이용해 실용화할 수 있는, 지금 이 순간 과학 기술자들이 땀 흘려 개발하고 있는 '가까운 미래의 로봇'은 어떤 일을 할 수 있을까.

새로운 용도로 각광 받기 시작한 '보행 로봇'

보행 로봇 개발이 최근 큰 인기를 끌고 있다. 사람처럼 두 발로 걷거나, 네발짐승의 걸음걸이를 흉내 내어 만든 로봇이다. 1990년대만 해도 '걸을 수 있는 기계 장치'를 개발할 수 있는 사람을 찾기란 어려운 일이었다. 하지만 2000년대 들어 보행이 가능한 로봇이 하나둘씩 개발되기 시작했고 점차 운동 성능도 높아져 사람이나 네발짐승 못지않은 미려한 보행이 가능해졌다.

KAIST 연구진이 개발한 재난 대응 로봇 'DRC-HUBO2'. 인간형 로봇은 두 팔과 다리가 달려 있어 다양한 상황에 효과적으로 대응할 수 있다. ©KAIST

물론 사람처럼 주위 환경을 완전히 파악하고 주도적으로 대응하기는 어려우므로 일상생활 속에서 가사를 돕는 등의 업무를 수행하기는 힘들다. 하지만 의외로 '재난 대응'이나 '물자 수송' 분야에서는 큰 기대를 받고 있다.

대규모 사고가 발생한 공장 또는 발전소 등의 가혹한 현장에 사람 대신 투입돼 복구 작업을 벌이는 목적으로는 두 팔과 두 다리가 달린 '인간형 로봇'이 많은 각광을 받고 있으며 말이나 당나귀처럼 걷는 '네발 로봇'의 경우에는 어떤 지형이라도 손쉽게 이동할 수 있다는 장점이 있다. 건설 현장이나 중요 시설물의 순찰, 험난한 진지에 물자를 실어 나르는 군부대용 '짐꾼 로봇' 등으로도 큰 가치가 있으리라 여겨지고 있다.

일본 혼다자동차가 개발한 세계 최초의 인간형 로봇 '아시모'. 로봇이 인간의 행동을 얼마나 잘 흉내낼 수 있는지를 알아보는 '행동 모사' 형태의 로봇이다. 최근 혼다는 아시모 개발을 중단하고 재난 현장에서 활약할 수 있는 'E2-DR'을 개발 중이다. ©혼다자동차

'아이언맨 로봇' 개발, 어디까지 왔을까?

흔히 '아이언맨 로봇'으로 불리는 웨어러블 로봇은 가까운 미래에 실용화될 가능성이 크다. 물론 하늘을 자유자재로 날고, 자동차도 번쩍 들어 던져 버리는 영화 속 아이언맨 같은 로봇이 가까운 미래에 등장할 가능성은 거의 없다. 그러나 입으면 단순히 힘이 세지는 군사용 로봇, 혹은 공장이나 채굴 현장에서 사용하는 작업용 로봇이라면 이야기가 달라진다.

이러한 '웨어러블 로봇'은 기술적으로는 이미 상당한 수준에 달해있다. 실용화의 관건은 충전식 배터리의 효율을 크게 높이는 일이다. 미국이 실용화 가능한 수준의 군사용 웨어러블 로봇 '엑소스(XOS)'를 개발한 바 있지만, 전력 공급 문제를 해결하지 못해 케이블을 연결해서 실험 중이다. 충전식 배터리의 성능을 지금 이상으로 크게 높이려는 연구는 곳곳에서 시행되고 있는 만큼 빠른 시일 안에 현실화될 가능성이 크다.

한국생산기술연구원 연구진이 개발한 산업용 웨어러블 로봇 '하이퍼'. 하체의 힘을 키워주고 금속 프레임을 이용해 무거운 물건을 눈 앞에 걸어둘 수 있다. 무거운 물건을 용접하는 경우에 유용하다. 조선소 등에서 사용할 목적으로 개발됐다. ©전승민

세계적 방위 산업체 '레이시온' 산하 로봇 전문 기업 '사르코스 로보틱스'가 개발한 웨어러블 로봇 'XOS'의 모습. ©레이시온

'이동형 로봇' 실용화가 불러올 물류, 교통 혁명

근미래의 일상생활에서 손쉽게 볼 수 있는 로봇은 '자율 이동 로봇'일 것이다. 로봇 기술의 범주에선 이렇게 두 다리로 걷지 않고, 두 팔로 일을 하지도 않고, 그저 '움직이는' 기능만 갖추고 있는 경우를 '이동형 로봇'이라고 별도로 구분한다.

하늘을 날아다니거나 도로 위를 굴러다니기만 하는 단순한 기능이지만 이것만으로도 세상은 큰 폭으로 바뀐다. 이런 로봇을 창고에 투입하면 물류 관리를 할 수 있고, 주차장에 도입하면 자동차를 자동으로 옮겨 주는 '주차 로봇'이 된다. 이미 실용화 된 분야도 많다. 집안을 돌아다니면 '로봇 청소기'가 되고, 공항이나

큰 행사장을 돌아다니면 '길 안내 로봇'이 된다. 여기서 한 발 더 나아가 자동차에 접목한다면 '자율 주행차'가 된다. 하늘을 나는 로봇(드론)도 마찬가지다. 포장한 음식 상자를 실어다 나르면 '배달 로봇'이 되고, 폭탄을 실어 나르면 군사용 미사일이 된다. 최신형 드론은 진동 감지 센서를 내장하고 교량에 내려앉아 안전 점검을 수행하거나 하늘에서 대기의 변화를 관찰할 수도 있다.

'이동형 로봇' 실용화가 불러올 변화는 이처럼 물류, 교통 등 수많은 분야에 혁명을 가지고 올 만한 잠재력을 갖고 있다. 최근의 4차 산업혁명 열풍과 맞물리면서 이런 로봇들은 앞으로 십수 년 이내에 완전히 현실 속으로 들어올 것으로 보인다.

02

FUTURE

ROBOT walks

로봇, 걷다

로봇 당나귀가 온다
재난 현장 누비는 로봇 히어로

FUTURE 02-1

로봇 당나귀가 온다

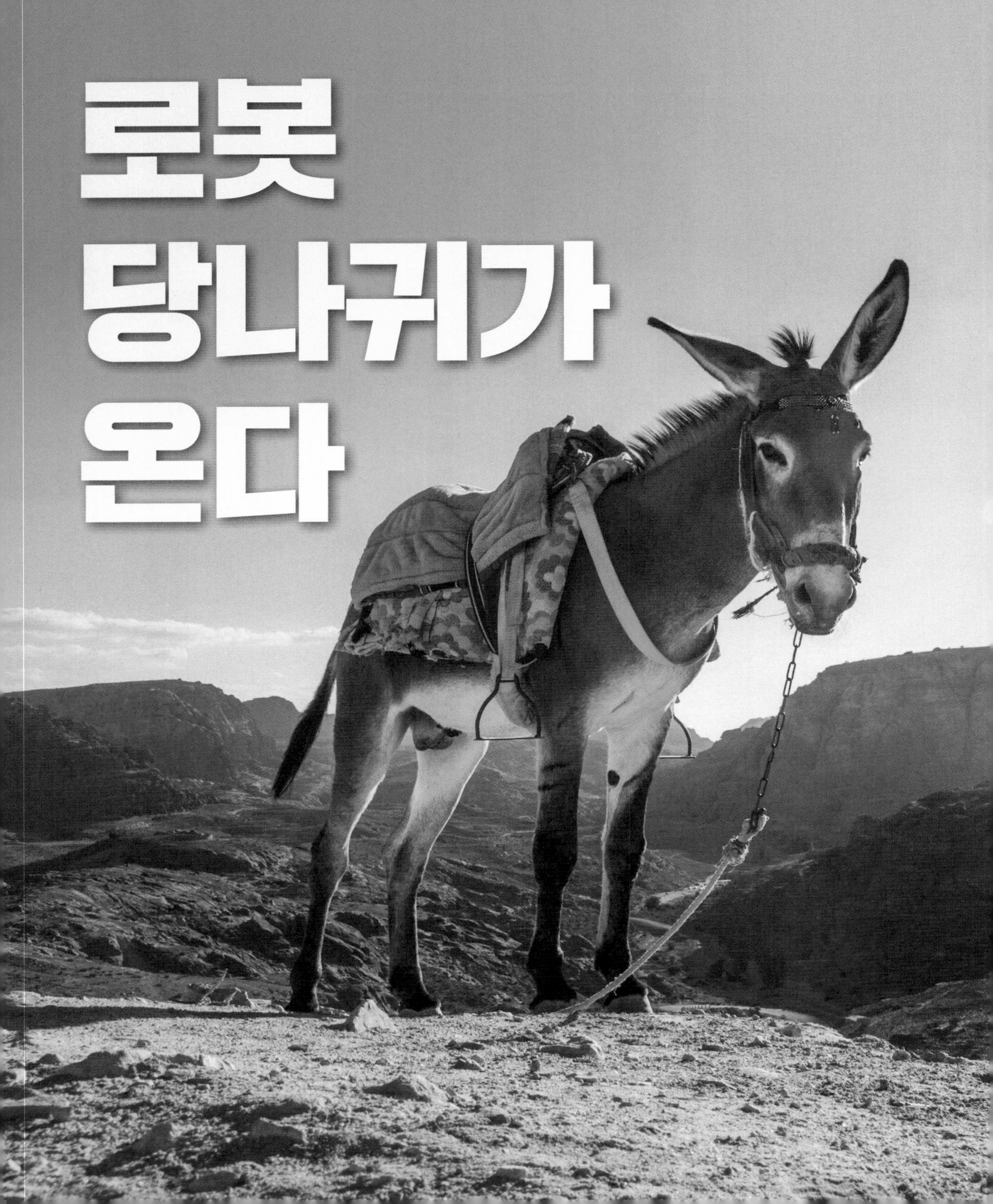

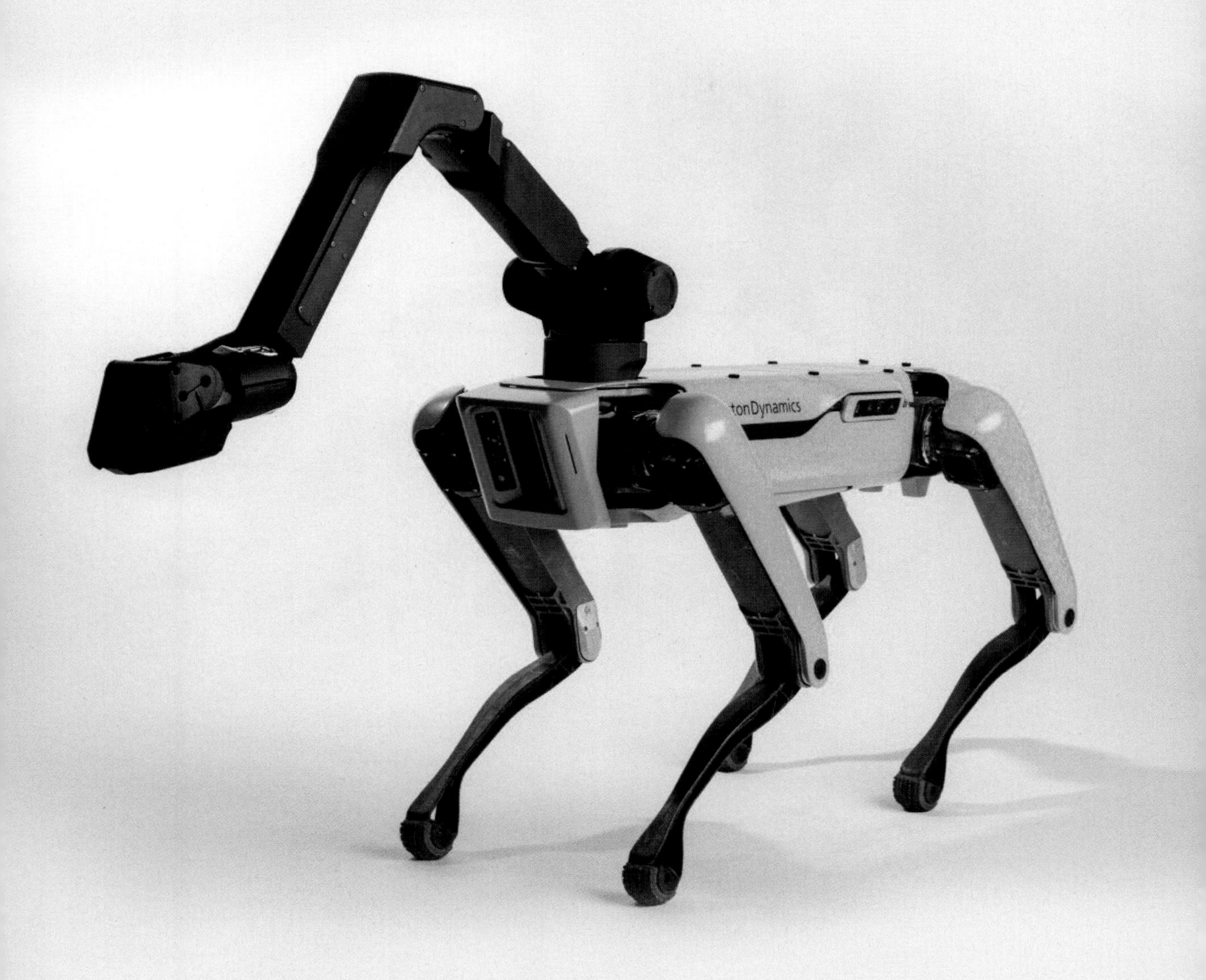

힘세고 어디든 따라오는 '슈퍼 짐꾼'

네발이 달린 강아지 로봇 '스팟 미니'. 머리 부분에 로봇 팔 등의 옵션을 장착해 문고리를 비틀어 여는 등의 작업을 수행할 수 있다. 현재 상용화가 진행 중인 유일한 네발 로봇이다. ©보스턴 다이내믹스

로봇 기술은 급속도로 발전하고 있지만, 여전히 현실 속에서 활약하는 로봇을 접하기는 쉽지 않다. 제대로 된 실용화 사례라고 해봐야 가정용 로봇 청소기 정도이고 그 밖에는 공항 등 공공 서비스 분야에서 입력 인터페이스의 불편함 등을 감수하고 길안내 등의 목적으로 활용하고 있는 수준이다. 이외에 서빙 로봇 같은 경우도 등장하고 있지만 어디까지나 흥미 목적일 뿐, 사람이 직접 일을 하는 편이 더 빠르고 정확하다.

영화 '스타워즈'에서 제국군이 사용했던 4족 보행 전천후 장갑 수송기 'AT-AT 워커'.

이런 일이 생기는 이유는 로봇의 '상황 인식과 대처 능력'이 부족하기 때문이다. 로봇이 주변 상황을 인식하고 자유자재로 움직일 수 있는 판단력을 기르기 어렵다 보니 그동안 산업용 로봇 등은 정해 놓은 동작만 반복하도록 만들어졌다.

사람을 비롯해 모든 동물은 주변 상황을 계속해서 파악하고 여기에 대응한다. 단순히 걸어가기만 하는 간단한 일을 할 때도 신경계가 끊임없이 일을 한다. 얼핏 보기에 평평한 도로 같아도 미세한 경사가 있고 작은 도로의 틈새나 여기저기 굴러다니는 돌조각 등 수없이 많은 변수가 계속해서 튀어나온다. 즉 로봇의 완전한 운동 능력이란 고도의 판단 능력 위에 성립되는 것이다. 중심을 잡기 쉬운 '바퀴형 로봇'이 보행 로봇보다 먼저 실용화되고 있는 것은 이 때문이다.

물론 바퀴형 로봇도 장점이 많다. 빠른 속도로 주행할 수 있고, 넘어질 염려 없이 안정적으로 움직일 수 있다. 만들기도 쉬운데다 특별한 설계를 덧붙인다면 어느 정도 험지에서도 이동이 가능하다. 그러나 바퀴가 가진 구조적인 한계는 어쩔 수 없다. 지형이나 주변 환경과 관계없이 자유롭게 이동하려면 제약이 따를 수밖에 없는 형태이다.

그렇기에 걸어서 이동하는 로봇, 즉 '보행 로봇'의 개발은 로봇공학계의 오랜 염원이었다. 많은 로봇 공학자가 사람처럼 두 발로 걷는 '휴머노이드(인간형) 로봇'의 개발을 오랫동안 꿈꿔왔지만 아직까지도 휴머노이드의 보행 패턴은 구현하기 가장 어려운 로봇 기술로 꼽힐 뿐더러 구조적으로도 안정성이 가장 떨어지는 이동 수단이다. 그들은 결국 다른 종류의 로봇으로 눈을 돌렸다. 소나 말처럼 네 발로 걷는 로봇, 이른바 '네발 로봇'을 개발하기 시작한 것이다. 지상에 있는 네발 동물들이 갖고 있는 특별한 걷기, 달리기 능력을 로봇에 넣어 주자는 개념으로 개발에만 성공하면 휴머노이드에 비해 보행이 훨씬 안정적이라 실용화 가능성은 더 커 보인다.

보스턴 다이내믹스의 초기형 네발 로봇 '빅독'. 40kg 이상 무게의 짐을 싣고 35도의 경사를 오를 수 있는 군사용 목적으로 개발되었다. ©보스턴 다이내믹스

안정성을 추구한 다족 보행 로봇

그런데 왜 하필 네발 로봇이 주목을 받을까. 발 두 개보다 네 개가 유리하다면 여섯 개, 여덟 개인 쪽이 더 안정적일 텐데 말이다. 단순히 '안정성'만 생각한다면 다리 숫자가 많을수록 당연히 유리해진다. 하지만 그와 더불어 로봇은 더 크고, 무거워지게 된다. 안정성이 높아지는 대신 행동이 굼떠지는 것을 피하기 어렵게 된다.

성균관대 연구진이 창업한 로봇 기업 '에이딘로보틱스'의 네발 로봇 '에이딘식스'.

국민대 조백규 교수 팀이 개발한 네발 로봇 '퐁봇Q'. ©조백규 제공

한국 연구진이 개발한 '크랩스터'. 6개의 발을 가지고 있으며 깊은 물 속을 천천히 걷는다. ©한국해양과학기술원

사람이나 원숭이 같은 영장류 동물이 두 발로 걷는 이유는 두 손을 사용하기 위해서다. 영장류를 제외한 거의 모든 육상 동물은 네 개의 발을 갖고 있다. 네발 달린 동물이 가장 보행 능력이 좋기에 자연스레 그런 형태로 진화해 온 것이다.

너무나 종류가 많은 곤충류를 제외하고, 다리가 네 개 이상 달린 동물에는 어떤 종류가 있을까. 이런 형태는 물속에서 걸어다니는 동물, 이른바 게나 가재 등의 갑각류에서 흔히 찾아볼 수 있는데 대부분 다리가 6~8개 정도이다. 바닷속에서 해류와 모래, 뻘을 딛고 안정적으로 걷는 것이 목적이기 때문이다. 대신 아무래도 육지 동물과 비교해 보행 속도가 대단히 느려지게 된다.

이러한 이유로 인해 '다리가 여섯 개 달린 로봇'도 한국해양과학기술원에서 개발한 수중 로봇 '크랩스터' 뿐이다. 깊은 물 속에서 거센 해류 등을 고려해 재빠른 운동 능력을 포기하고 안정성을 중심으로 설계됐다. 보행 이동 속도는 초속 0.25m, 시속으로는 900m 정도이다. 이런 특수한 경우를 빼면 다리가 여섯 개 이상인 경우는 앞에서 언급한 대로 절지동물류를 제외하면 육상 동물 중에서도, 또 로봇 중에서도 예를 찾아보기 힘들다.

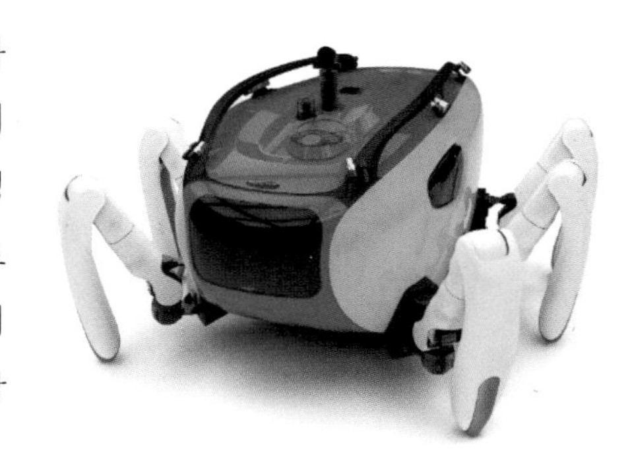

CRAB

네발 로봇 개발이 어려웠던 이유

현재 가장 완성도가 높은 네발 로봇 중 하나인 '스팟(Spot)'의 이동 속도는 시간당 약 4.8km로 사람의 보행 속도보다 훨씬 빠르다. 다른 여러 이유도 있겠지만 이런 구조적 문제 때문에 보행

세계 최초의 4족 보행 로봇인 워킹트럭. ©GE

성능을 기준으로 개발할 때 육상에서는 네발 로봇이 주된 형태를 이루는 것이다.

네발 로봇은 언제부터 개발되기 시작했을까. 최초의 4족 보행 로봇이 선보인 것은 1965년이다. 미국의 디지털 산업 기업 제너럴 일렉트릭(General Electric Company)에서 미군의 주문을 받아 제작한 '워킹트럭'이 그 주인공으로, 당시 기술로 만들어졌다기엔 믿기 어려울 정도로 완성도가 높았다. 사람이 안에 들어가 조종하는 방식으로 운전자의 숙련도에 따라 제법 험한 길도 돌파할 수 있었다. 하지만 워낙 대형에다가 사람이 직접 조종해야만 한다는 점, 유압식 구동 장치로 높은 힘을 내기 위해 막대한 연료를 소모하는 점 등이 문제가 되어 양산에 이르지는 못했다.

스위스 연구진이 개발한 네발 로봇 '애니멀'. ©ETH취리히

자율적으로 걸어 다니는 네발 로봇은 그로부터 약 40여 년의 세월이 흐른 후에야 다시금 본격적으로 개발되기 시작했다. 사람이 타고 일일이 조종하는 방식이 아니라 발걸음은 로봇이 자동으로 옮기도록 하고, 사람은 '이쪽 방향으로 움직여라'라는 수준의 간단한 명령만 하는 형태였다.

네발 로봇 개발 초창기에는 '휴머노이드보다 도리어 개발하기 훨씬 까다롭다'라는 의견이 대다수였다. 4족 보행이 2족 보행보다 더 빠르고 안정적으로 걸어 다닐 수 있는 이유는 보행 패턴이 다양해 복잡하게 변화하는 주위 환경에 즉시 대응할 수 있기 때문인데 보행 패턴이 다양하다는 이야기는 패턴이 바뀔 때마다 기계적으로 균형을 잡는 방법도 달라진다는 뜻이다. 즉, 개발자 관점에서는 해결해야 할 숙제가 두 다리 로봇보다 오히려 많다는 뜻이 된다.

2족 보행 로봇은 보통 '한 발 안정화'라는 기술로 균형을 잡는다. 한 발을 들어 올리면 땅을 딛고 있는 서 있는 발은 하나뿐이다. 이 발로 오뚝이처럼 중심을 잡고 서 있는 사이에, 반대쪽 발을 앞으로 옮기는 식이다. 이 경우 보행 패턴은 걷거나 뛰거나의 둘 중 하나이다.

네발 로봇에는 이런 방식을 적용할 수 없기에 보행 패턴에 따라 다양한 중심 잡는 방법을 새로 개발해야 했다. 기본은 승마에서 흔히 말하는 '평보' 방식이다. 세 다리를 땅에 붙이고 한 발씩 차례로 움직여 천천히 걷는 방법이다. 4개의 다리 중 하나를 들면 땅을 지지하고 있는 다리는 3개가 되는데 이 3개가 땅을 짚고 있는 위치를 머릿속에서 선으로 연결해 보자. 본체의 중심이 잡힌 형태를 갖추기가 매우 힘들다. 한 발을 들 때마다 다른 3개의 다리가 서로 협력해 매번 다른 패턴으로 계속 중심을 잡도록 만들어야 하는데 이는 말처럼 쉬운 일이 아니다.

앞다리와 뒷다리를 엇갈아 내밀며 빠르게 걷는 '속보'부터는 균형과 힘의 분산이 매우 어려워진다. 몸통 아래로 땅을 딛고 있는 두 다리로만 균형을 잡아야 하므로 고도의 제어 기술이 필요하다. 뒷다리로 땅을 차며 계속해서 공중에 떠 있는 달리기 상태인 '구보'나 '습보' 단계에 이르면 구현 난도는 더욱 힘들어진다.

그러나 지금은 발전된 기계 기술 덕분에 이런 운동 패턴이 대부분 분석 가능해졌을 뿐만 아니라, 그 결과 인간형 로봇보다 훨씬 빠른 속도로 보행 능력이 개선되고 있다. 현재는 무선 조종만으로 로봇을 제어할 수 있는 단계에 도달해 '어디까지 이동하라'는 명령을 내리기만 하면 주변 지형에 맞춰 자동으로 보행 패턴을 선택해 걸어가는 수준에 이르렀다. 구보나 속보, 습보 등 다양한 보행 패턴을 모두 소화할 수 있는 로봇도 나와 있다.

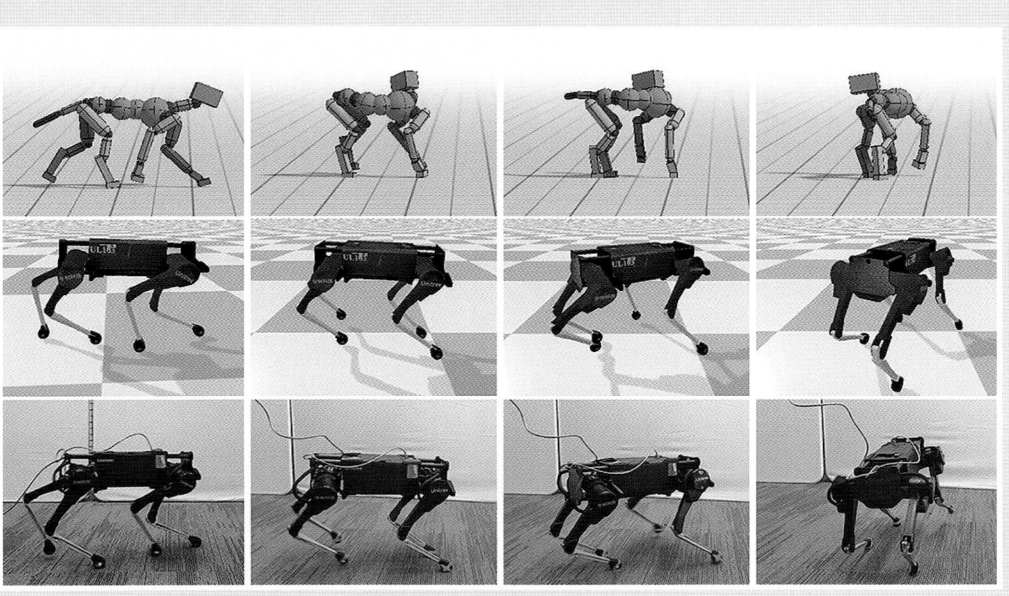

©구글

로봇 당나귀, 얼마나 쓸모 있을까

네발 로봇은 당나귀나 노새처럼 사람이 짐을 싣고 어디든 이동할 수 있는 '짐꾼 로봇'으로서 큰 가치를 지니고 있다. 바퀴가 없으니 사람이 걸어서 가는 곳이면 어디든 갈 수 있다.

혹자는 보행 로봇의 미래를 부정적인 시각으로 바라보기도 한다. 네발 달린 로봇의 장점은 험지 이동 능력이 뛰어나다는 점인데, 탱크나 중장비 등에 사용되는 무한궤도(일명 캐터필러) 역시 험지 이동 능력이 비교적 우수한 데다 안정성이 높고 가격 경쟁력도 비교할 수 없을 정도로 탁월하기에 4족 보행의 실용성이 크게 떨어진다는 주장이다.

물론 이런 의견에도 일리는 있다. 하지만 극한의 성능을 추구해야 하는 상황이라면 이야기가 달라진다. 히말라야 등반에 따라올 수 있는 로봇은 보행 로봇 이외에는, 더구나 짐까지 짊어지고 이동해야 한다면 네발 로봇 이외의 대안은 사실상 찾아보기 어렵다.

현재 이런 특징을 살리면서 어느 정도 실용화된 보행 로봇도 있다. 미국 로봇 기업 보스턴 다이내믹스(Boston Dynamics)가 개발한 네발 로봇 '스팟'이다. 2020년 6월부터 일반 판매가 개시된 스팟은 계단을 포함해 대단히 복잡한 험지도 문제없이 돌파할 수 있는 이동 능력, 360도 장애물 회피, 내비게이션, 원격 제어 시스템 등을 고루 갖추고 있다. 방수방진 기능은 물론이고 영하 20도부터 영상 45도까지 견뎌내기 때문에 계절과 관계없이 실내외 어디서나 사용할 수 있다.

산업 현장, 저택, 공공 시설물의 순찰 및 경비 등 다양한 업무

미국 보스턴 다이내믹스가 개발한 네발 로봇 '스팟'. 국내 GS건설을 비롯해 다양한 산업체에서 도입하고 있다. ©보스턴 다이내믹스

에 투입이 가능하며 센서 추가를 통해 가스 유출 감지와 같은 특수한 임무도 수행할 수 있을 것으로 보인다.

2020년 4월, 보스턴 다이내믹스 연구진은 미국 보스턴의 브리검 앤 위민스(Brigham and Women's) 병원 의료진이 이 로봇을 코로나19 검사 과정에 시험적으로 투입했다고 발표했다. 로봇의 머리 부분에 태블릿 PC를 붙여 환자와 의사가 원격으로 대화할 수 있도록 도운 것이다. 비대면 진료로 의료진의 감염 위험 억제에 큰 효과를 발휘했다. 그런데 바퀴가 달린 로봇을 이용하면 가격도 훨씬 저렴하고 개발도 손쉬울 터이건만, 왜 네발 달린 스팟을 검사에 투입한 것일까. 그 이유는 간단하다. 계단도 자유롭게 왕래할 수 있고 복잡한 실험 장비나 검사 도구가 바닥에 널브러져 있어도 안정적으로 피해 다닐 수 있기 때문이다. 여러 기자재를 등에 지고 어디든 갈 수 있으니 방역작업 등에도 큰 도움이 된다. 이처럼 네발 로봇은 군사, 산업 현장 등 다양한 분야에 앞으로 점점 더 많이 투입될 것이다. 그 응용 범위는 바퀴로 굴러다니는 로봇과 비교할 수 없이 넓다.

스팟의 활용성

센서

주변을 30배 확대해서 촬영할 수 있는 팬 틸트 줌(PTZ) 카메라

전력

탑재 기기용 전력 공급이나 이더넷 포트 장비

조작성

문을 열거나 물건을 집을 수 있는 로봇 팔

계산 능력

개발 기기용 계산 처리 기능 탑재

코로나바이러스로 인해 무관중 경기가 벌어진 2020 일본 프로 야구에서는 스팟을 이용한 응원전을 펼치기도 했다. 뒤쪽의 휴머노이드 로봇은 소프트뱅크의 페퍼. ©소프트뱅크

미국 보스턴의 한 병원에서 코로나바이러스 비대면 진료를 위해 의료 장비와 화상 통신 기기를 얹고 현장을 누비는 스팟. © 보스턴 다이내믹스

사람이 들어갈 수 없는 좁은 공간은 물론, 영하 4도에서 영상 113도에 이르는 극한의 환경에서도 360도 스캐닝 카메라로 정확한 데이터 계측 업무를 수행할 수 있다. 포드 자동차는 이 데이터를 기반으로 자사의 공장을 업그레이드할 예정이다. ©포드 자동차

네발 로봇의 미래

보스턴 다이내믹스는 코로나19 사태를 계기로 스팟에 환자의 체온, 호흡, 맥박수 등을 원격으로 측정할 수 있는 열화상 카메라 등의 장비를 장착할 계획이다. 또 자외선 장치를 등에 붙여 지하철역이나 임시 진료소 등, 전염병 환자가 다녀간 장소를 안전하게 소독하는 임무 역시 수행이 가능할 것으로 기대하고 있다.

군사용으로서 가치 역시 이루 말할 수 없다. 험준한 산 위에 자리 잡은 진지에 드론 등이 실어나르기 무거운 포탄을 운반할 로봇을 개발하라는 주문을 받는다면 앞서 언급한 대로 네발 로봇이 최적화된 구조라 하겠다.

이렇게 네발 로봇의 가치가 군사적, 산업적으로 높아지면서 최근 개발 경쟁이 일어나고 있다. 보스턴 다이내믹스는 이미 군사용 네발 로봇 'LS3' 등을 개발했으며, 실험 단계이지만 습보로

미국에서 개발된 군사용 로봇 'LS3'. 대단히 뛰어난 보행 능력을 갖고 있다. 즉시 군사 작전에 투입될 수 있을 정도로 성능이 뛰어나다. 소음이 크다는 문제 때문에 실용화 되지는 못했으니 이 당시 개발된 기술이 '스팟 미니' 개발로 이어졌다. ©보스턴 다이내믹스

달리기를 할 수 있는 '와일드 캣'을 세계 최초로 선보여 주위를 놀라게 했다. 2020년 5월엔 성능을 한층 높인 스팟 2.0을 발표했다. 더 높은 경사를 걸어 올라갈 수 있고, 몸통 윗부분에 달려 있는 팔의 성능도 한층 더 높였다. 인공지능 기법을 동원해 주변 상황을 인식하고 이동할 수 있다.

이탈리아기술연구소(IIT)도 최근 3t짜리 비행기를 끌고 갈 수 있는 네발 로봇 '하이큐리얼(HyQReal)'을 선보였다. 김상배 MIT 교수(네이버랩스 고문) 팀이 개발한 '치타'도 뛰어난 성능을 자랑한다. 소형이지만 뛰어올라 공중제비를 돌 수 있을 정도로 운동 능력이 뛰어나다. 국내에서는 한국생산기술연구원에서 개발한 '진풍'이 유명하다. 스키장의 최상급자 코스에 해당하는 35도 경사길을 걸어서 올라갈 수 있으며, 걷고 있는 도중 옆에서 사람이 걷어차도 중심을 회복할 수 있다. 국민대 조백규 교수 팀도 소형 네발 로봇 '퐁봇'을 개발 중이다.

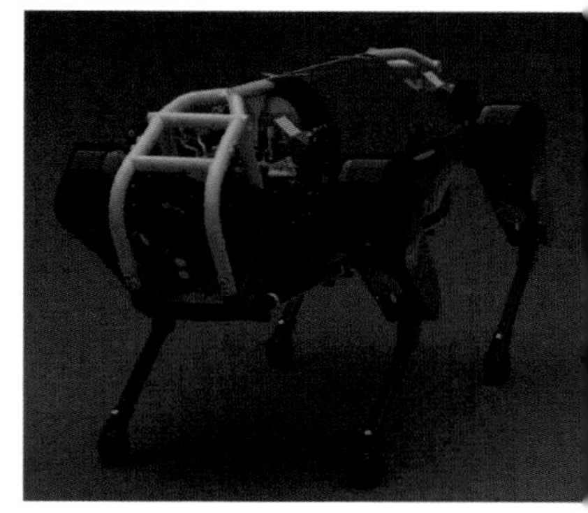
이탈리아 연구진이 개발한 네발 로봇 하이큐리얼 ©이탈리아기술연구소

동물의 움직임을 흉내 낸 '생물형 로봇'이 일상의 흔한 풍경이 되는 것은 바퀴가 달린 로봇, 혹은 프로펠러를 달고 하늘과 땅 위를 돌아다닐 수 있는 드론 등과 같은 '자율 이동형 로봇'이 일상에 완전히 정착된 이후일 것이다. 네발 로봇 기술이 완전히 보편화 되기에는 아직 십여 년 정도의 시간이 더 필요할 것이고 누구나 승용차처럼 네발 로봇을 구매해 사용할 정도로 실용화되기에는 적어도 20년 정도의 시간이 필요하지 않을까 예상해 본다.

사람은 다양한 도구를 다룰 수 있는 능력을 얻는 대신 네발 동물이 가진 탁월한 달리기 실력은 포기해야 했다. 그 대신 말이나 당나귀 등의 동물을 길들여 도움받으며 오랜 기간을 살아왔다. 현대에 들어서며 도심 환경에 적합지 않다는 이유로 동물의 도움을 받는 일은 줄어들고 있지만 그 효용성까지 사라진 것은 아니다. 우리를 도울 네발 로봇이 그 자리를 다시 차지하지 않을까. 네발 로봇은 인간과 로봇이 어우러져 살아가는 세상을 열어 줄 첫 번째 로봇이 될 것으로 보인다.

재난 현장 누비는 로봇 히어로

쓸모없다던 휴머노이드 로봇의 재발견

중국의 로봇 회사 유비테크가 개발한 휴머노이드 로봇 '워커(Walker)'. 전진 및 후진 두 발 보행이 가능하며 카트를 밀거나 그림을 그리는 등의 세밀한 동작도 수행할 수 있다. ©전승민

"민간 기업에서 휴머노이드(인간형) 로봇을 개발하는 건 이해할 수 있다. 기업의 기술 홍보 목적이 크기 때문이다. 하지만 휴머노이드 로봇은 결코 실생활에 쓸모 있는 형태가 아니다. 국가의 연구비를 받는 대학, 혹은 국책 연구 기관이 이런 로봇을 개발하는 건 국민의 세금을 낭비하는 일이다."

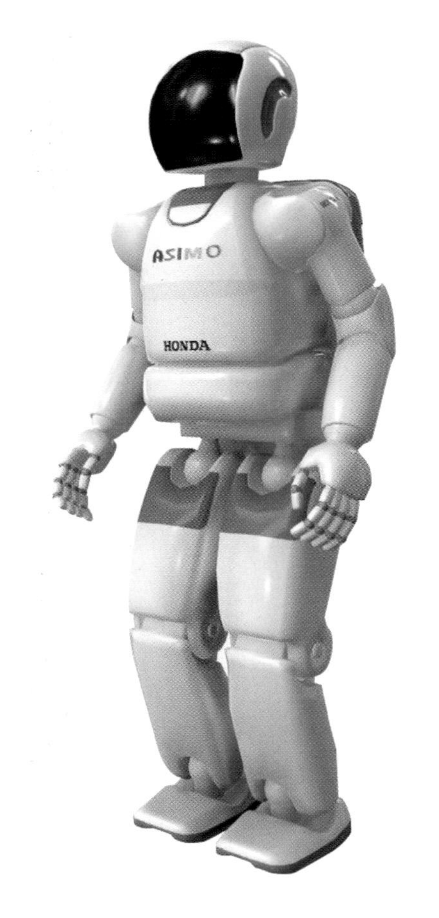

아시모. 일본 기업체가 개발했다. 각종 연구용 로봇을 제외하면 세상에 등장한 세계 최초의 인간형 로봇이다. 평평한 길에선 걸음걸이가 대단히 안정적이며 달리기도 할 수 있다. ©혼다자동차

"로봇 기술에 대해 이해하지 못한 사람이기에 할 수 있는 지적이다. 휴머노이드 로봇은 그 실용성보다 기계 기술의 연구 과정에 큰 가치가 있다. 당장 휴머노이드 로봇 개발 과정에서 얻은 기술을 스핀오프(기술을 다른 분야에 활용하는 것)한 것만 몇 가지인지 아는가. 휴머노이드 로봇에 대한 투자는 기계 공학 기술의 '기초 과학'으로 이해해야 한다."

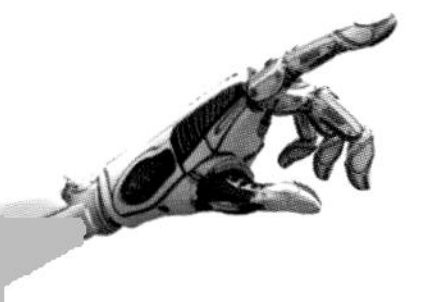

몇 년 전만 해도 로봇 전문가들 사이에서조차 이와 같은 토론이 공공연하게 오가고 했다. "홍보가 목적일 뿐 쓸모가 있는 것은 아니다."라는 주장은 보통 '휴머노이드 로봇 무용론'을 펼치는 타 분야 과학 기술자들이 단골로 이야기하던 논리였다. 노벨 물리학상 수상자이자 KAIST 총장을 지낸 로버트 러플린(Robert Betts Laughlin) 박사도 학내에서 휴머노이드 로봇 '휴보'를 개발하고 있는 것을 보며 이러한 논리로 강하게 혹평한 바 있다. 한편 휴머노이드 로봇 연구자들이 중심이 된 반대 의견은 "연구 개발 자체만으로도 가치가 있다. 로봇 기술 발전에 토양이 된다."는 것이 주된 논리였다.

이들의 치열한 갑론을박을 듣고 있노라면 결국 '휴머노이드 로봇 자체에 실용성이 없다는 사실에는 양쪽 다 공감하는 것 아닌가?'라는 의구심이 든다. 연구가 필요하다는 쪽과 의미가 없다는 쪽, 두 진영 모두 로봇 자체는 쓸모없다라는 전제에는 동의하고 있는 것이다. 사실 과거에는 "휴머노이드 로봇은 그 자체로 큰 가치가 있다."라고 자신 있게 주장하는 사람을 만나기가 그리 쉽지 않았다.

휴머노이드는 사람처럼 두 발로 걷고, 두 손으로 일할 수 있는 로봇을 뜻한다. SF 영화에 단골로 등장하는 존재로 '로봇'이라는 단어를 들었을 때 많은 사람이 머릿속에 떠올리는 대표적 이미지이기도 하다. 하지만 이런 이미지는 어디까지나 영화 속 이야기일 뿐, 막상 현실에선 그만한 성능을 보이기 어려웠다. 휴머노이드 로봇이 처음 연구되기 시작한 것이 1950년대인데 휴머노이드 로봇의 효시라 할 수 있는 '와봇-1'이 등장한 것은 1973년에 이르러서였다. 그리고 '(완성된 형태의) 세계 최초의 휴머노이드'란 타이틀을 가지고 있는 '아시모(일본 혼다)'의 등장은 2000년이다. 그로부터 또 20년이 더 흐른 지금, 휴머노이드 로봇은 과연 아직도 쓸모없는 존재—잘해봐야 로봇 공학 기술 발전에 밑거름 같은 존재—라는 평가에 머무르고 있는 것일까?

인공지능(AI) 로봇 '소피아'

머리 투명한 플라스틱 밑으로 전기회로가 보임(가발까지 씌우면 인간과 구분이 어려워 일부러 머리를 드러냄)

62가지 **감정을 얼굴로 표현**

실시간으로 인간과 **대화 가능**

눈썹 찌푸리거나 눈을 깜빡이는 등 다양한 표정 구사

눈 3D 센서 장착(대화 상대 인식)

피부 '플러버(frubber)' 소재(인간의 피부와 흡사)

- 배우 오드리 헵번 얼굴을 참고로 제작
- 인간과 흡사한 외모
- 비교적 능숙한 대화 기술
- 지금까지 개발된 로봇 중 사람과 가장 유사하고 심층 학습 능력이 있어 사람과 대화할수록 더 수준 높은 문장을 구사
- 2017년 10월 사우디아라비아에서 최초로 로봇으로서 시민권 발급. 같은 달 유엔 경제사회이사회(ECOSOS)에 패널로 등장
- 홍콩에 본사를 둔 핸슨 로보틱스(Hanson Robotics)가 개발한 인공지능(AI) 로봇 자기인식과 상상력을 갖는 등 인간 수준으로 진화시키겠다는 목표로 제작

재난 현장에서 주목받는 휴머노이드 로봇

그러나 최근 휴머노이드 로봇 실용화에 대한 긍정적인 목소리도 점점 높아지고 있다. '기술력 과시'나 '연구용'으로만 인식되어왔던 휴머노이드 로봇의 실용 가능성이 커지고 있다는 분석이 나오고 있기 때문이다.

휴머노이드 로봇의 실용화 가능성이 낮다는 평가는 안정성을 유지하기 힘들다는 점에서 기인한다. 두 발로 이동하는 형태는 바퀴나 무한궤도 등에 비해 훨씬 고도의 제어 기술이 필요하기에 '쓸모가 없다'라는 평가를 받아왔다. 그러나 기계 제어 기술이 비약적으로 발전한 덕분에 이제는 '특정 상황에서라면 충분히 쓸 만하다'라는 인식이 조금씩 퍼지고 있다.

휴머노이드 로봇의 실용성이 가장 긍정적으로 평가받는 곳은 바로 '재난 대응' 분야다. 이른바 '로봇 구조대원(Rescue)'으로서 가치를 인정받고 있기 때문이다.

발단은 2011년 동일본 대지진 당시 일어난 '후쿠시마 원전 사고'였다. 해일이 밀려들어 원전에 고장이 일어나며 1차, 2차 폭발로 이어졌다.

원전 전문가들은 1차 폭발 이후 누군가 원전에 들어가 냉각수 밸브 등을 잠그고 나왔다면 2차 폭발을 막을 수 있을 것이라는 진단을 내놓은 바 있다. 그러나 이미 방사성 물질로 가득한 원전 내부로 들어갈 수 있는 사람은 없었다. 잔해를 헤치고 현장에 들어가 사다리를 기어 올라갈 수 있는 로봇 역시 없었다. 당시 도쿄전력 측은 미국의 군사용 궤도 로봇 '팩봇'을 투입했다. 폭발물 처리나 시가지 정찰 등을 목적으로 쓰는 로봇이다. 이 로봇을 통

후쿠시마 원전 사고에 투입된 '팩봇'

청소기로 유명한 미국 회사 아이로봇(iRobot)에서 개발한 군사용 정찰 로봇으로 아프카니스탄과 이라크 전쟁 등에서 사용되었다. ©아이로봇

해 내부의 온도, 방사선량, 습도 등 다양한 정보를 얻어오는 데는 성공했으나 밸브를 잠그지는 못했다. 탱크 바퀴 형태의 무한궤도가 붙은 이 소형 로봇은 사다리나 계단을 올라갈 수도, 밸브를 잠글 수도 없었다. 사람처럼 생긴 휴머노이드가 아니면 복잡한 공장 상황에 대응하기 어려웠던 탓이다. 아시모나 휴보 등 몇 종류의 휴머노이드 로봇이 있긴 했지만 제한된 환경에서만 움직일 수 있었다.

이 상황을 안타깝게 여겼던 미국 국방성 산하 '방위고등연구계획국(DARPA)'은 거액의 상금을 걸고 '다르파 로보틱스 챌린지(DRC, DARPA Robotics Challenge)'란 이름의 로봇 기술 경진 대회를 2012~2015년 사이 개최했다. 한국 내에선 재난 로봇 경진 대회라고 불린 이 대회에서 한국 KAIST의 휴보 연구진이 최종 우승한 사실은 이미 잘 알려져 있다.

그간 로봇 기술자들이 불가능하다고 생각했던 과제를 이 대회를 통해 처음 도전했고, 어느 정도 성과도 얻었다. 비록 연출된 환경이지만 가상의 원전 사고 현장에 로봇이 스스로 자동차를 몰고 들어가 인간 대신 냉각수 밸브를 잠그는 등 최소한의 복구 작업을 진행할 수 있다는 가능성을 보인 것이다.

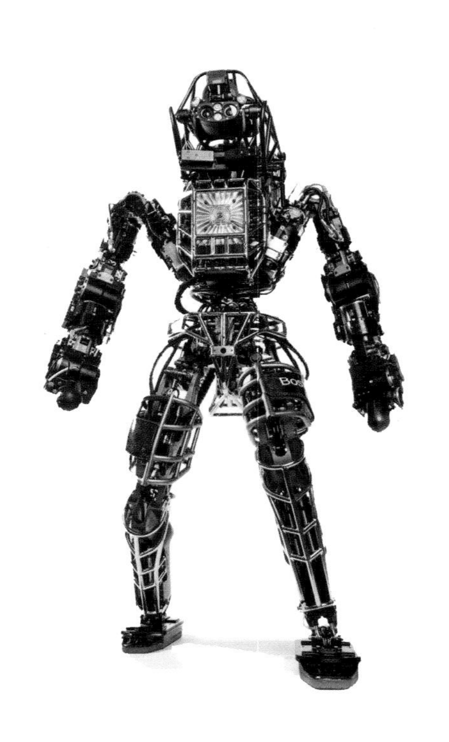

휴머노이드 로봇이 재난 현장에 유리한 이유는 '사람을 닮았기' 때문이다. 재난이란 결국 지진, 해일 등으로 인해 사람이 살거나, 일하고 있는 환경이 파괴되는 것이다. 이러한 재난 현장 대다수는 인간이 생활하던 터전인 만큼, 문을 따고 서랍을 열고 스위치를 누르는 식의 '인간만이 할 수 있는' 작업이 필요한 경우가 많다. 그러니 재난 현장에 투입하는 로봇 역시 '인간형'이 가장 유리하다. 사다리를 기어 올라가고, 두 손으로 전동 공구를 집어들어 사람 대신 일을 할 수 있는 로봇은 휴머노이드 형태가 유일하다.

두 번째 이유는 비용이다. KAIST가 개발한 재난 구조 로봇 'DRC 휴보'의 가격은 대당 수억 원에 달하며, 보스턴 다이내믹스의 고성능 휴머노이드 로봇 '아틀라스'는 무려 수십억 원을 넘어

선다. 더구나 운영과 유지 보수도 어려워 아무리 경제적으로 여유가 있는 사람이라도 이런 로봇을 가사 일에 쓰기는 어렵다. 심지어 사람보다 일의 정확도가 낮고 속도도 느려 비효율적이기까지 하다.

하지만 사람 대신 로봇이 투입되어야 하는 환경이라면 이야기가 달라진다. 또한 이런 환경 조건은 얼마든지 있다. 앞에서도 말한 원전 사고 현장을 비롯해 화학 공장의 폭발 사고, 유독 가스가 가득한 화재 현장 등 사람이 들어가려면 목숨을 걸어야 하는 재난 상황에서는 비싸고, 굼뜨고, 많은 인력이 필요한 로봇이라도 투입해야 할 큰 가치가 생긴다.

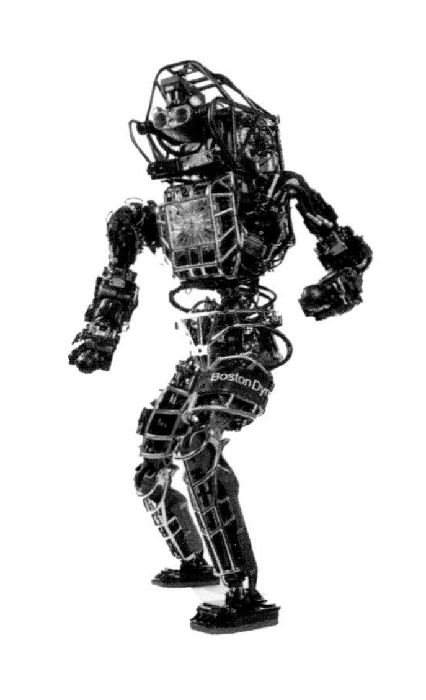

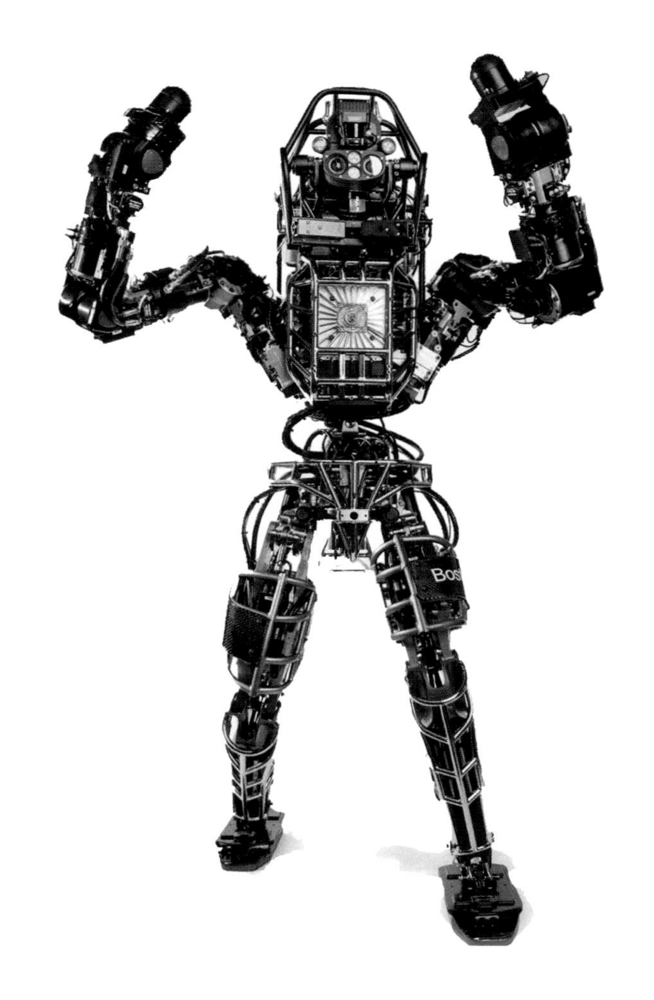

로봇 '아틀라스' 초기형. 한국에선 세계 재난 로봇 대회라고 불렸던, 2015년 열린 DRC(DARPA Robotics Challenge)에서 '소프트웨어'만 개발해 출전하는 팀에게 한 대씩 지급됐던 대회 표준 로봇이다. 2m가 넘는 키에 강한 힘을 낼 수 있도록 설계됐다. © 보스턴 다이내믹스

IN DARPA
ROBOTICS
POLARIS
EPS
POWER STEERING
Hubo

한국 KAIST 연구진이 개발한 로봇 DRC-HUBO2. 가상의 재난 현장에 들어가 사람 대신 공장 시설물을 조작해 보이고 있다. ©KAIST

휴머노이드 로봇의 미래는 '인공지능과 센서 기술'

휴머노이드 로봇의 운동 성능은 날이 갈수록 높아지고 있다. 최신형인 아틀라스 모델은 체조 동작인 '백플립(뒤로 재주 넘기)'이나 땅을 구른 다음 일어나기는 물론이고, 눈 덮인 야외 경사지를 조깅하듯 뛰어가는 기술도 공개했다.

물론 아직은 실용화까지 거리가 있다. 주변 환경이 통제된 연구실에서 뛰어난 성능을 보였다고 하지만 온갖 잔해가 무작위로 널려 있는 재난 현장에서도 동일한 성능을 유지할 수 있을지는 미지수이기 때문이다.

로봇 스스로 이런 환경을 파악하고 대응하려면 주변 환경을 완전히 인식할 수 있는 기능이 있어야 한다. 전제 조건으로 주변 인식용 카메라, 적외선 및 초음파 센서, 레이저 스캐너(라이다, Lidar) 등으로 취합된 신호를 완전하게 해석할 수 있는 기술이 필요하다. 또 로봇이 해석한 정보를 자율적으로 판단하고 대응할 수 있는 '인공지능' 기술 개발도 필요할 것으로 보인다.

DRC 이후 휴머노이드 로봇 기술 개발 방향은 크게 바뀌었다. 과거에는 인간과 비슷한 동작을 기계로 구현할 수 있는지 실험해 보는 것이 목표였던 데 비해, 이 대회 이후부터는 '재난 현장에 투입할 수 있는 기능성을 갖추는 것'이 개발의 목적이 됐다.

보스턴 다이내믹스, KAIST, IHMC로보틱스, NASA(미국항공우주국) 등 DRC의 주축이 됐던 기업이나 연구 기관들은 지금까지 '재난 대응'을 목적으로 휴머노이드의 성능을 꾸준히 높여나가고 있다.

대회에 참가하지 않은 기업이나 연구 기관도 같은 길을 걷는 경우가 많다. 세계 최초의 휴머노이드 로봇 '아시모'를 개발한 일본 혼다자동차는 DRC에 참가하지는 않았지만 이에 자극을 받아 인간형 로봇 개발 계획을 큰 폭으로 수정했다. 휴머노이드 로봇의 대명사로 불리던 '아시모' 개발을 중단함과 동시에 독자적인 재난 대응 로봇 'E2-DR'의 개발을 시작하고, 그 과정을 공개하고 있다. 키 168cm, 무게 85kg의 E2-DR은 두 발로 걷고, 사다리를 기어오르며, 필요하다면 긴 팔을 이용해 개나 말처럼 네발로 걸을 수도 있다. 좁은 공간이더라도 폭 30cm만 있으면 사람처럼 옆으로 걸어서 빠져나갈 수도 있는 등, 재난 현장에서 기존 로봇보다 월등히 뛰어난 적응력을 보여줄 것으로 기대된다.

러시아 연구진도 재난 현장 투입은 물론이고 국제 우주 정거장(ISS) 비상 상황 시에 인간 대신 우주선 조종 작업까지 할 수 있는 휴머노이드 로봇 '스카이봇(Skybot) F-850'을 개발하고 있다. 키 180cm, 무게 160kg에 달할 정도로 덩치가 큰 이 친구를 두고 일부에서는 러시아의 유명 이종 격투기 선수 '표도르 예멜리야넨코'의 이름을 따 '표도르 로봇'이라고 부르기도 한다. 개발비 24억 루블(약 434억 8800만 원)이 투입된 이 로봇은 2019년 8월 22일, 러시아의 '소유즈 MS-14' 유인 우주선에 실려 국제 우주 정거장으로 운송됐다. 3인승의 소유즈 우주선을 개조해 표도르 하나가 탑승하는 좌석을 만들어 우주로 쏘아 올린 것이다. 표도르는 당시 17일간 국제 우주 정거장에 머물며 러시아 우주인의 조수 역할을 하면서 우주 공간에서의 성능을 시험받는 한편, 몇 가지 과학 실험에도 참여했다.

일본에서 개발된 로봇 E2-DR. 사다리를 걸어 올라가거나 옆 걸음질로 틈새를 빠져 나갈 수 있다. 두 팔과 두 다리로 사다리를 기어 올라갈 수 있는 로봇은 KAIST가 개발한 휴보와 E2-DR 뿐이다. ©혼다자동차

휴머노이드 로봇은 인간의 일자리를 빼앗을까?

로봇 이야기를 할 때 '로봇 기술이 발전하면 인간의 일자리를 빼앗아 가는 것 아니냐?'라는 질문 역시 빠지지 않는 단골 메뉴이다. 특히 휴머노이드는 사람처럼 두 손을 쓸 수 있으니 이런 우려가 한층 더 높은 듯하다. 주제에서 약간 벗어난 이야기이긴 하지만 미래 로봇 산업에 있어 중요한 내용인 만큼 간략하게 짚고 넘어가도록 하겠다.

창고 정리 중인 아틀라스
©보스턴 다이내믹스

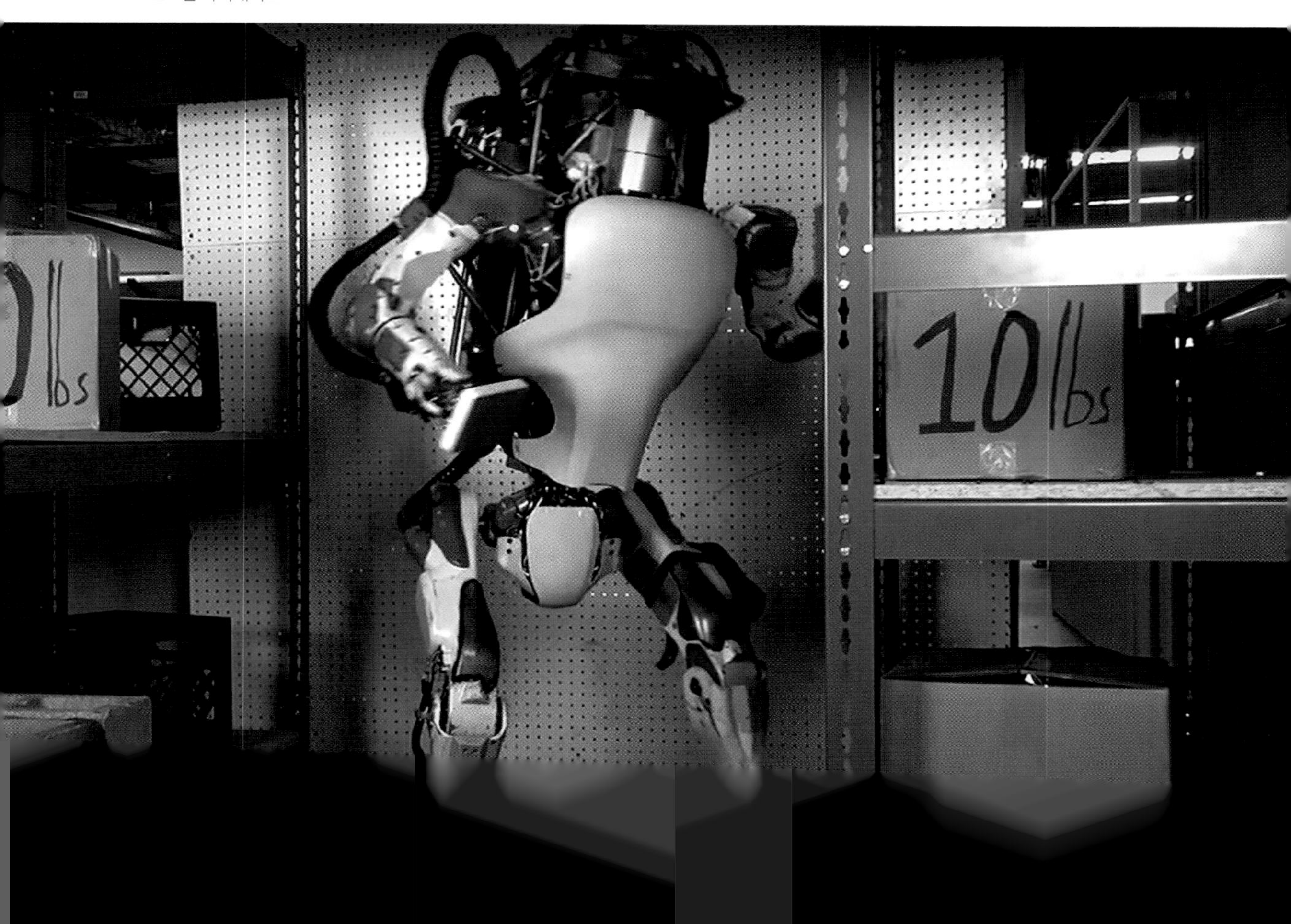

한국 KAIST 연구진이 2015년 열린 DRC에서 우승하고 200만 달러의 상금을 수여받고 있다. 단상에 오르지 않은 팀원을 포함하면 약 30명이 넘는다. 로봇 한 대가 구조대원 역할을 하도록 만들기 위해 석박사 인력 30여 명이 달려든 셈이다. ©KAIST

공장이나 물류 시스템, 판매 사원 등 육체적인 노동력을 제공하는 일이 많은 산업 분야에서는 로봇의 도입으로 일자리를 잃는 사람이 일부 있을 수 있다. 그러나 사회 전체로 시각을 넓혀 보면 이야기가 조금 달라지는데, 로봇을 통해 생산력이 증대되는 것과 동시에 로봇을 만들고, 공급하고, 정비하는 새로운 산업이 다시금 생겨나면서 생산력과 산업의 규모가 더 커지는 점도 생각해야 한다. 자동차가 공급되면 인력거 산업 종사자는 피해를 보겠지만, 국가 전체적으로는 자동차가 공급되는 것만큼 다양한 산업이 생겨나며 큰 이익이 생긴다. 자동차가 도입되면 운전기사가 필요하고, 세차를 해야 하고, 정비업체가 생겨나고, 각종 부품을 판매하는 도매상도 필요해진다. 이런 점과 비교해 생각해 보면 '로봇이 생기니까 일자리가 사라지는 것 아니냐'는 우려는 조금 과한 걱정이라는 생각이 든다.

더구나 다른 로봇이 아닌 '휴머노이드' 분야에선 이런 '일자리 감소' 우려가 전혀 사실과 다르다고 단언할 수 있다. 현재 기술로 휴머노이드 로봇 한 대는 한 사람의 노동자보다도 일을 잘하지 못한다. 심지어 단순히 움직이는 데만 여러 명의 석, 박사급 기술 인력이 매달려야 한다. 이렇게만 보면 로봇 대신 노동자 한 명을 쓰는 것이 차라리 나아 보인다. 그러나 휴머노이드 로봇은 인간으로 대체할 수 없는 척박한 환경 속에서의 구조 활동이 가능하기에 이에 대한 수요가 발생하게 되며, 그 업무 수행을 위해 과학 기술자 십수 명의 일자리가 생겨나는 것이다.

휴머노이드 로봇의 실용화가 이루어지면 이밖에도 다양한 새로운 직업군이 출현하게 될 것이다. 로봇이 인간 대신 일을 할 수 있도록 돕는 직군은 물론이고 이른바 '로봇 조종사', '로봇 정비사', '로봇 판매업' 등의 직군 역시 등장하리라 예상된다.

03
FUTURE

ROBOT enhances human

로봇, 인간을 강화하다

슈퍼 히어로를 만드는 현실적인 방법
로봇 재활 장비의 등장
‘로봇 닥터’의 활약

슈퍼 히어로를 만드는 현실적인 방법

입으면 힘 세지는 근력 강화 로봇

영화 엘리시움의 한 장면. 외골격 로봇(웨어러블 로봇)을 장착한 두 사람이 강력한 힘을 휘두르며 싸우고 있는 모습. 근력 강화 목적의 웨어러블 로봇은 SF영화의 소재로도 자주 쓰인다. ©소니픽쳐스

먼 미래엔 사람처럼 팔과 다리가 달린 '인간형 로봇'이 실용화될 거라고 믿는 경우가 많다. 사람처럼 두 팔과 두 다리가 달린 로봇이 사람 대신 일을 해 주는 세상을 꿈꾸는 것이다. 기술적인 문제만 해결된다면 이런 로봇은 사실 대단히 쓸모가 많다. 집안에서는 가사를 돕고, 전쟁이 일어나면 군인들 대신 적군과 싸워주고, 재난 현장에선 잔해를 치워가며 다친 사람을 도울 수도 있을 것이다. 사람과 몸의 구조가 비슷하다면 사람이 할 수 있는 일을 거의 대부분 해낼 수 있으니 말이다.

그러나 현재의 과학 기술 수준에선 이런 로봇이 등장하는 건 어려워 보인다. 사람이 유리컵 한 잔에 물을 따라 마음대로 마실 수 있는 것은 그 잔을 바닥에 떨어뜨려 깨뜨린다 해도, 바닥에 흩어진 물과 유리 조각 등을 깨끗하게 혼자 청소해 낼 수 있는 능력이 있기 때문이다. 그러니 로봇 팔을 이용해 물컵을 집어 옮기는 실험에 성공했다고 해도, 그 로봇이 사람에게 안정적으로 가사 서비스를 해 줄 수 있다고 판단하긴 어렵다. 모든 상황에 유연하게 대처하려면 결국 로봇이 스스로 주변 상황을 판단하고, 여러 가지 활동을 다른 사람의 도움 없이 수행할 수 있어야 하기 때문이다.

이렇게 하려면 결국 로봇 스스로 생각할 수 있는 능력, 이른바 '고도한 인공지능'을 만들어 주어야 하는데, 현재의 기술로는 이를 구현할 가능성은 거의 없다. 바둑 한 판을 잘 두기 위해 '인공지능 알파고'에 투입한 컴퓨터 자원은 한국에 있는 최고 성능의 슈퍼 컴퓨터의 몇 대 분량에 해당한다는 사실을 생각해 보면 잘 알 수 있다. 그렇다면 당장 어떤 노력을 기울여야 할까. 사람들은 결국 다른 방법을 찾기 시작했다. '기계가 할 수 없다면 사람이 하면 된다. 대신 기계를 이용해 인간의 힘을 훨씬 더 높여주는 장치를 만들자.'라는 생각이다. 기계로 된 옷을 입고 강한 힘을 얻는 기술, 사람의 타고난 힘이나 장애를 로봇 기술로 극복하는 장치, 이른바 '웨어러블 로봇' 기술이 주목받고 있는 이유다.

‘아이언맨 슈트’로 불리는 이유

웨어러블 로봇은 엑소스켈톤(exoskeleton, 외골격) 로봇이라고도 불린다. 유명 만화 캐릭터 이름을 빌려와 ‘아이언맨 슈트’라고 부르는 사람도 있다. 동명의 영화 속에서 종횡무진 활약하는 ‘아이언맨(Iron Man)의 주인공은 인체 기능을 크게 높여주는 ‘로봇 슈트’를 입고 악을 물리치는 존재인데 이 이미지와도 겹쳐 보이고 실제로 관련 있는 기술도 많아 ‘웨어러블 로봇＝아이언맨 슈트’라고 여기는 경우가 적지 않다.

웨어러블 로봇은 크게 두 종류로 나뉘는데, 첫째는 건강한 사람의 신체 능력을 한층 더 높여주기 위해 개발된다. 산업 현장에서 무거운 장비를 취급해야 하는 사람, 무거운 포탄 등을 취급해야 하는 군인, 재난 현장에서 강한 힘을 빌려 써야 하는 구조대원 등의 사람들에게 큰 도움이 된다. 목적에 기인하여 흔히 ‘근력 강화용 로봇’이나 ‘근력 강화복’, ‘착용형 근력 강화 로봇’ 등으로 부르는 경우도 많다. 물론 실제로 사람의 근력을 키워주는 것은 아니며, 입고 있는 사람의 몸동작을 따라 움직이며 어느 정도의 힘을 보조해주는 역할을 한다.

둘째는 ‘환자 보조용’ 웨어러블 로봇이 있다. 하체 마비 환자나 전신 마비 환자, 혹은 체력이 아주 약한 노약자 등을 위해 개발된다. 일반적인 웨어러블 로봇은 군사용이나 재난 구조용, 산업용 등으로 의미가 큰 반면, 이 경우엔 환자들을 돕는 재활 장비로서 가치가 크다고 볼 수 있다. 재활 장비 로봇에 대해서는 다음 장에서 좀 더 상세히 다루도록 한다.

웨어러블 로봇이란 결국 사람의 몸 외부를 로봇이 감싸고 있

미 해병대와 공급 계약이 체결된 사르코스 디펜스의 가디언 XO(Guardian XO). 사르코스 로보틱스의 자회사인 사르코스 디펜스는 퇴역 미군 장교들이 주도해 설립한 군용 장비 개발 회사이다. 최대 90kg 무게의 물건을 운반할 수 있다. ©사르코스

는 형태이다. 따라서 팔이나 다리를 움직일 때, 사람의 움직임을 완전히 측정해 조금의 오차도 없이 따라서 움직이면서도 동시에 강한 힘도 낼 수 있는 '동작 일치(싱크로)' 여부가 중요하다. 물론 실제로 인간의 동작과 완전히 일치시키긴 어렵지만 개발자들은 조금이라도 더 편안하게 움직일 수 있도록 싱크로율을 높이기 위한 연구를 계속하고 있다.

여기에는 어떤 방법이 주로 쓰일까. 과거엔 '압력 센서' 방식이 이용되었다. 로봇 속에 들어가 있는 사람이 팔다리를 움직이면 로봇 뼈대 안에서 인체와 부딪히기 마련인데 이 압력을 감지해 전기 신호로 바꿔 로봇에 붙어있는 전기 모터나 유압식 구동 장치를 움직인다. 그러나 시간차가 발생하는 문제점이 있는 데다 오작동 우려도 커 현재는 거의 쓰이지 않는다.

근육에서 발생하는 미세한 전기인 '근전도'를 측정하는 방식, 힘을 줄 때 근육이 딱딱해지는 '근육 경도'를 감지하는 방식도 있다. 최근 많이 쓰이는 것은 '토크 감지(Torque sensor)' 방식이다. 사람이 팔다리를 구부리거나 펼 때 관절에 걸리는 힘을 감지한 다음 동시에 따라서 움직인다. 이 밖에 컴퓨터 프로그래밍을 이용해 인간의 동작을 미리 예측해 시간차를 최대한 줄이는 방법도 연구하고 있다. 제한적이지만 사람의 뇌파를 감지하는 방법도 연구되고 있다.

영화 '엣지 오브 투모로우'를 보면 강한 힘을 낼 수 있는 웨어러블 로봇이 등장한다. 타임 루프 등 과학적으로 불가능한 설정이 여럿 눈에 들어오지만 등장인물들이 착용하는 '웨어러블 로봇'은 대단히 현실성 있는 모습으로 그려지고 있다. ©워너브라더스

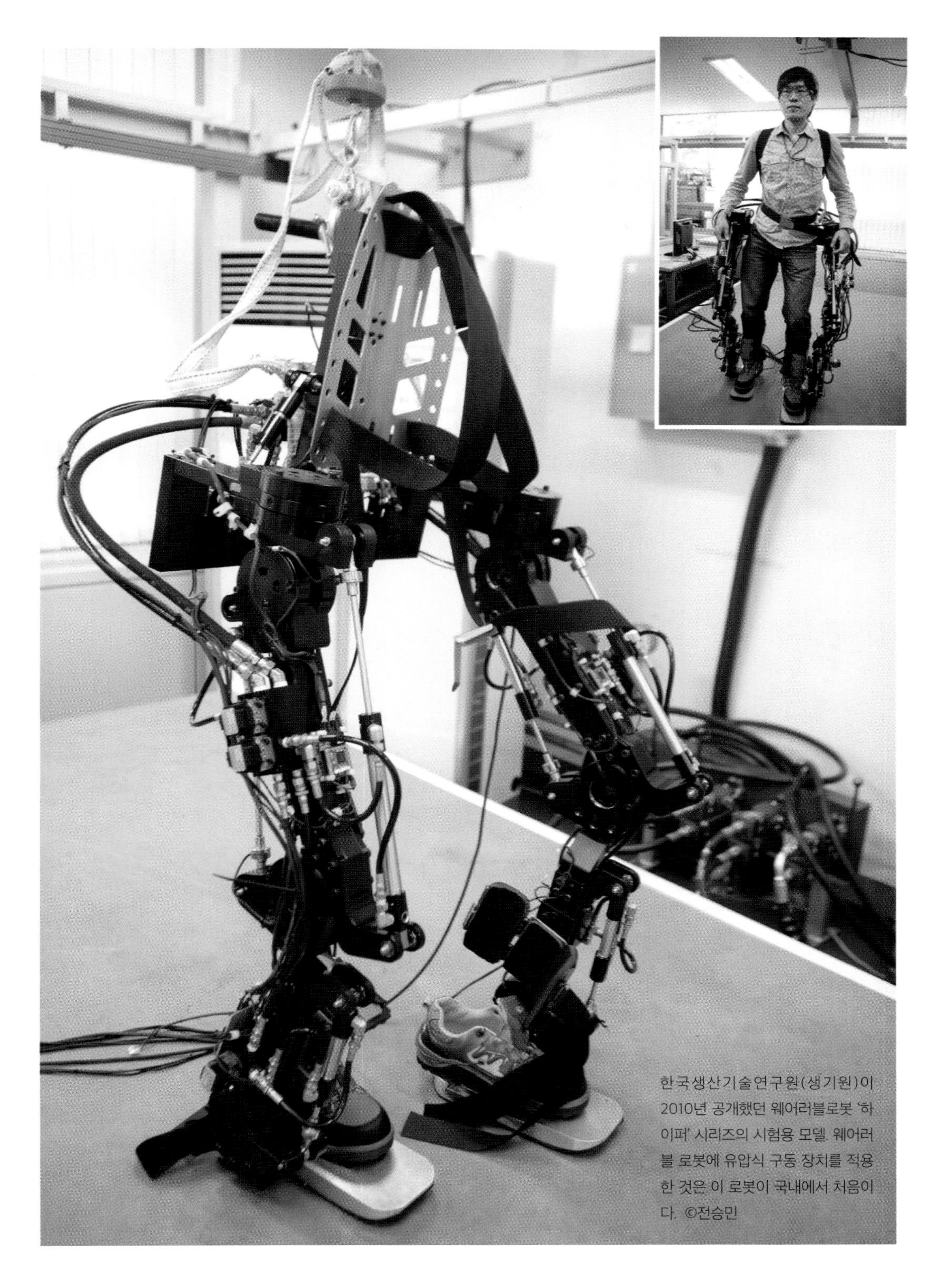

한국생산기술연구원(생기원)이 2010년 공개했던 웨어러블로봇 '하이퍼' 시리즈의 시험용 모델. 웨어러블 로봇에 유압식 구동 장치를 적용한 것은 이 로봇이 국내에서 처음이다. ©전승민

웨어러블 로봇의 구조와 원리

현재까지 개발된 웨어러블 로봇 중 가장 성능이 뛰어나다는 평가를 받고 있는 가디안 XO(Guardian-XO)의 구조를 통해 기본적인 원리를 살펴보자.

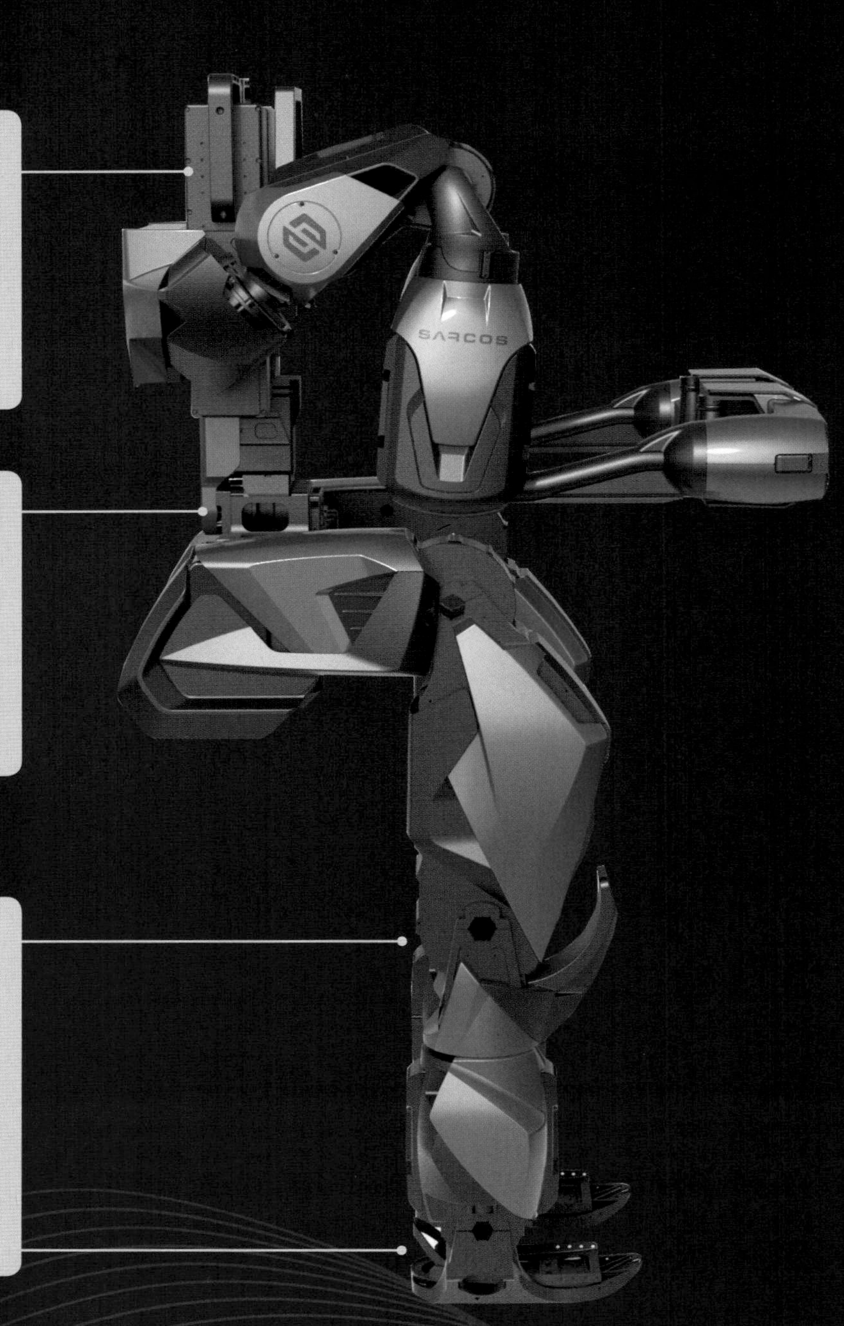

내장형 전원 시스템을 도입해 복잡한 전선 없이 움직일 수 있으며, 사용 도중에 배터리를 교체할 수도 있다.

갑자기 전원이 끊어지는 등의 문제가 발생할 경우 강제 제동 기능이 작동해 착용자를 보호할 수 있다.

발목, 무릎 등 전신에 총 24개의 센서가 있다. 복잡한 환경에서도 자유롭게 움직일 수 있도록 설계돼 있다.

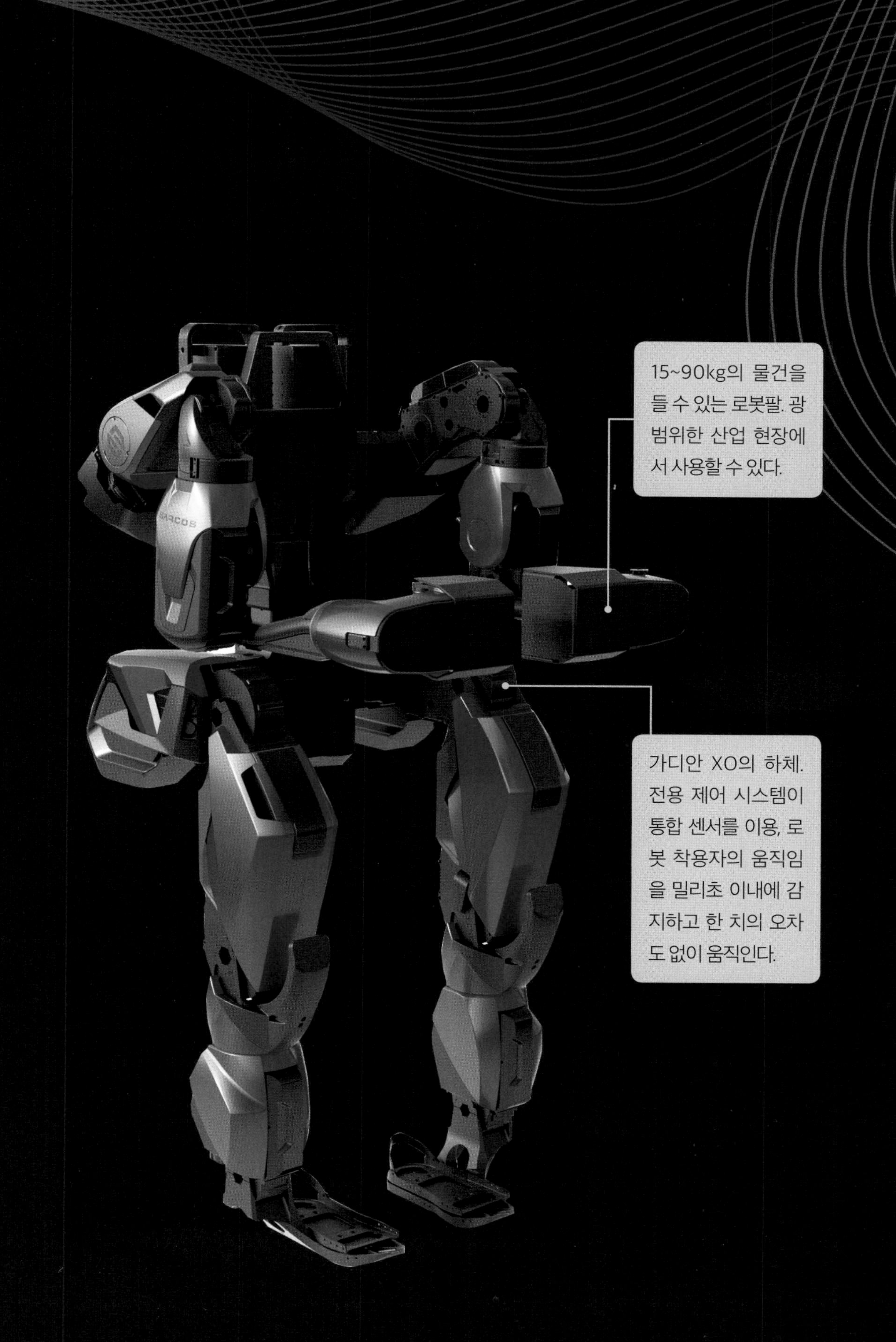
SARCOS
15~90kg의 물건을 들 수 있는 로봇팔. 광범위한 산업 현장에서 사용할 수 있다.
가디안 XO의 하체. 전용 제어 시스템이 통합 센서를 이용, 로봇 착용자의 움직임을 밀리초 이내에 감지하고 한 치의 오차도 없이 움직인다.

웨어러블 로봇 어떤 것 있을까

웨어러블 로봇 중 일부는 실용화 수준에 도달한 것도 많다. 현재까지 개발된 웨어러블 로봇 중 가장 성능이 뛰어난 것은 미국 방위 산업체 '레이시온(Raytheon Company)'이 개발한 엑소스(XOS) 시리즈이다. 이 로봇을 입으면 평균적인 성인 남성의 약 17배에 달하는 힘을 낼 수 있다.

놀라운 점은 이렇게 힘이 세면서도 웬만한 사람의 몸동작을 거의 다 수행할 수 있다는 점이다. 계단이나 험지 등도 빠른 속도로 이동할 수 있고 달리기도 할 수 있다. 축구를 하는 동영상이나 빠른 속도로 펀칭볼을 두드리는 동영상이 공개된 적도 있다. 군사용으로 개발된 이 슈트는 사람이 들기 어려울 정도로 큰 포탄 등을 나르는데 큰 도움이 될 것으로 보인다. 다만 부피가 매우 크고 무거워 가볍게 입고 먼 거리까지 군사 작전을 나가는 등의

미국 방위 산업체가 개발한 근력 강화용 웨어러블 로봇 엑소스. 대단히 뛰어난 성능을 자랑하지만 전력 소모가 큰 것이 단점이다. ©레이시온

헐크의 컨셉 이미지. 최고 37kg에 달하는 자체 무게가 무겁다는 병사들의 불만으로 인해 실전 배치까지는 이르지 못했다. ©록히드 마틴

목적으로 사용하긴 어렵다는 점, 또 막대한 전기를 소모하기 때문에 배터리를 이용할 수 없고 전선을 연결해 둔 상태로만 움직이는 점 등이 단점으로 꼽힌다. 이 점을 보완해 현재는 전력 소모량을 줄이고 배터리를 장착한 모델을 개발 중이다.

미국 록히드 마틴(Lockheed Martin, LMT)도 야전 전투 상황에 사용할 수 있는 '헐크'라는 로봇을 개발한 바 있다. 이 로봇은 병사의 하체 힘을 키워줄 목적으로 개발됐다. 무거운 군장을 짊어지고 먼 거리를 걷거나, 빠른 속도로 달리기를 할 수 있도록 돕는 로봇이다. 90kg에 해당하는 짐을 짊어지고 걸을 수 있고, 최대 시속 16km의 속도로 달릴 수도 있다. 마라톤 풀코스를 두 시간 반에 주파할 수 있는 속력이다. 이런 기술을 종합해 미군은 특수전 사령부(특전사)용 웨어러블 로봇을 특별히 개발하기도 했다. '탈로스(TALOS, Tactical Assault Light Operator Suit)'란 이름으로 개발 중인 이 옷은 전신을 감싸는 갑옷 형태, 헐크와 유사한 하체 보조 형태 등 두 종류로 나뉘어 개발 중이다.

미국 록히드 마틴 산하 기업 '엑소바이오닉스'가 개발한 산업용 웨어러블 로봇 '포티스(FORTIS)'. 건설 현장이나 공장에서 사용할 수 있다. ©엑소바이오닉스

국내에선 어떨까. 우선 한국생산기술연구원의 기술을 이전받은 웨어러블 로봇 전문 기업 '에프알티(FRT)'가 유명하다. 구조대원이 화재 현장에서 높은 빌딩을 걸어 올라갈 때 사용하는 하체 보조 웨어러블 로봇 하이퍼R 등 다양한 제품을 출시하고 있으며 매년 꾸준하게 20여억 원의 매출을 기록하고 있다.

하이퍼R은 고층빌딩 화재 시 인명 구조용으로 개발됐는데, 헐크와 비슷한 구조로 소방관들의 다리 힘을 키워주는 '하체 강화형' 로봇이다. 로봇을 입고 가볍게 달릴 수도 있다. 최대 속도는 시속 8km. 최대 동작 시간은 두 시간 내외로 다소 짧지만 소방 현장에서 쓰는 공기호흡기는 1대에 45분밖에 쓸 수 없기에 사용상 문제는 없어 보인다. 하이퍼R을 입은 소방관은 약 30kg의 짐을 추가로 짊어지고 하체 피로가 거의 없이 이동할 수 있다. 고층빌딩 화재 시 구조 요청자가 있는 곳까지 두 대 이상의 공기 호흡기를 짊어지고 걸어 올라간 다음, 마지막엔 로봇마저 벗어버리고 사람만 구조해서 내려오는 식이다. 강한 탄소 소재와 알루미늄 합금으로 만들어졌는데, 실제 보급 땐 내열 처리도 할 계획이어서 화재 진화 이후엔 수거해서 다시 쓸 수 있을 것으로 보인다. FRT에서는 이외에도 각종 작업 지원용 웨어러블 로봇으로 '스텝업(Step-Up)X' 시리즈도 제공하고 있다. 국내 방위 산업체 LIG넥스원도 하이퍼R과 비슷한 형태의 군사용 웨어러블 로봇 '렉소'를 개발한 바 있다.

웨어러블 로봇은 우주 탐사 목적으로도 개발되고 있다. 미국항공우주국(NASA)도 외계 탐사를 나선 우주인에게 지급할 목적으로 X1이란 이름의 웨어러블 로봇을 만든 적이 있다. 지구보다 훨씬 중력이 강한 외계 행성에 도착했을 경우 사용할 목적으로 개발한 것이다. 이런 장비를 이용하면 더 큰 산소통과 더 큰 배터리를 장착할 수 있어 큰 도움이 된다.

스텝업X 시리즈는 현재 X1, X2, X3의 3종이 있으며 각각 허리 근력 보조, 하지 근력 보조, 패시브/액티브 유무로 역할이 나뉘어져 있다. X1의 경우 20초 이내 탈착이 가능하며 무게도 4kg이기에 휴대가 용이하다. ©FRT

NASA

NASA의 X1. 이 로봇을 장착한 우주 비행사는 더 많은 장비를 가지고 실험하거나, 더 큰 무게를 옮길 수 있게 됐으며, 더 많은 공기와 배터리를 휴대하고 더 오래 우주에서 머무르는 것이 가능한 것으로 나타났다. ©NASA

금속 갑옷 버리고 '의복' 입는 '소프트 엑소슈트'도 등장

웨어러블 로봇을 입으면 강한 힘을 낼 수 있지만, 무거운 갑옷을 입고 돌아다니는 셈이라 아무래도 움직이기 불편하다는 단점이 따라온다. 정해진 동작 이외에는 무거운 갑옷을 '억지로' 움직여야 하기 때문이다. 미 국방부 산하 방위고등연구계획국(DARPA)이 록히드마틴의 금속 슈트인 헐크 착용 시 실제 병사들의 피로도를 조사한 결과 오히려 피로도가 39% 증가한다는 결과를 얻었다. 심박수도 평균 26% 늘었다. 웨어러블 로봇을 입어서 강한 힘을 얻는 만큼 체력 소모도 심했다는 뜻이다.

이 문제를 해결해 적당히 강한 힘을 얻으면서 체력도 보존할 수 있는 '의복형 웨어러블 로봇'도 존재한다. 일반적으로 '소프트 엑소슈트'라는 명칭으로 불린다.

이런 종류의 웨어러블 로봇은 미국 하버드대 연구진을 필두로 여러 곳에서 개발 중이다. 대부분의 부품이 섬유로 만들어졌으며, 섬유 내부에 들어 있는 초소형 모터와 와이어를 이용해 근육의 움직임을 돕는다. 하버드대가 개발한 '하버드 엑소슈트'의 경우 힘이 최대 20%까지 증가하는 놀라운 성능을 지니고 있지만, 평소에는 옷걸이에 걸어 옷장 안에 보관할 수 있다.

비록 영화 속 아이언맨과 비슷한 성능의 로봇은 찾기 어렵지만, 웨어러블 로봇은 인간이 가진 한계를 극복해 더 많은 일을 할 수 있게 도와준다. 이미 일부분 실용화 단계에 들어선 만큼, 빠른 속도로 군사, 산업 등 분야에 보급될 것으로 보인다. 우리 주변 어디서든 웨어러블 로봇을 입고 일을 하는 사람들을 만나볼 수 있는 날도 그리 얼마 남지 않은 셈이다.

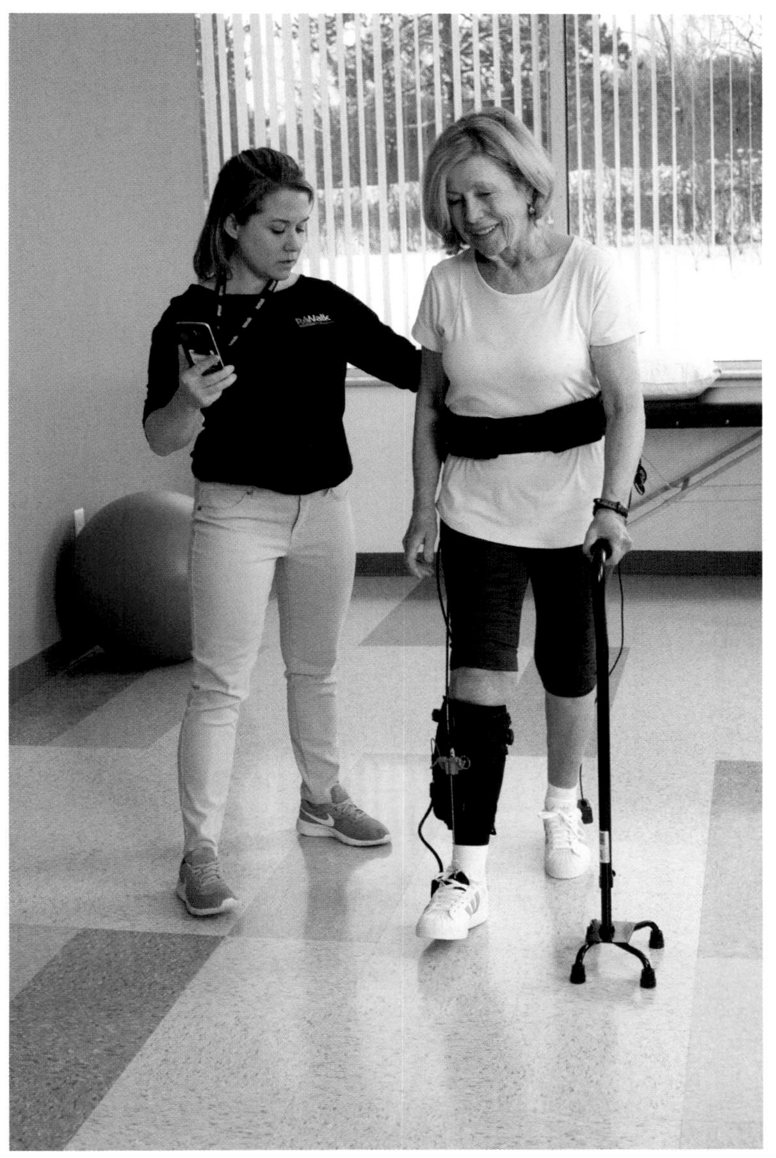

소프트 엑소슈트는 복잡한 금속 부품을 착용하지 않고 벨트 고무줄, 와이어 등을 이용해 하체 근력을 보조해 준다. 뇌졸중, 파킨슨병 등으로 보행이 어렵거나 무거운 군장을 짊어지고 장거리를 행군하는 군인 등이 사용하면 상대적으로 적은 힘으로 장시간 보행이 가능하다. ©하버드대학교

세계적인 과학 저널 《사이언스》지에 2019년 8월 표지 기사로 소개된 소프트 엑소슈트.

로봇 재활 장비의 등장

하체 마비 환자도 로봇 다리 입고 등산 가는 세상 온다

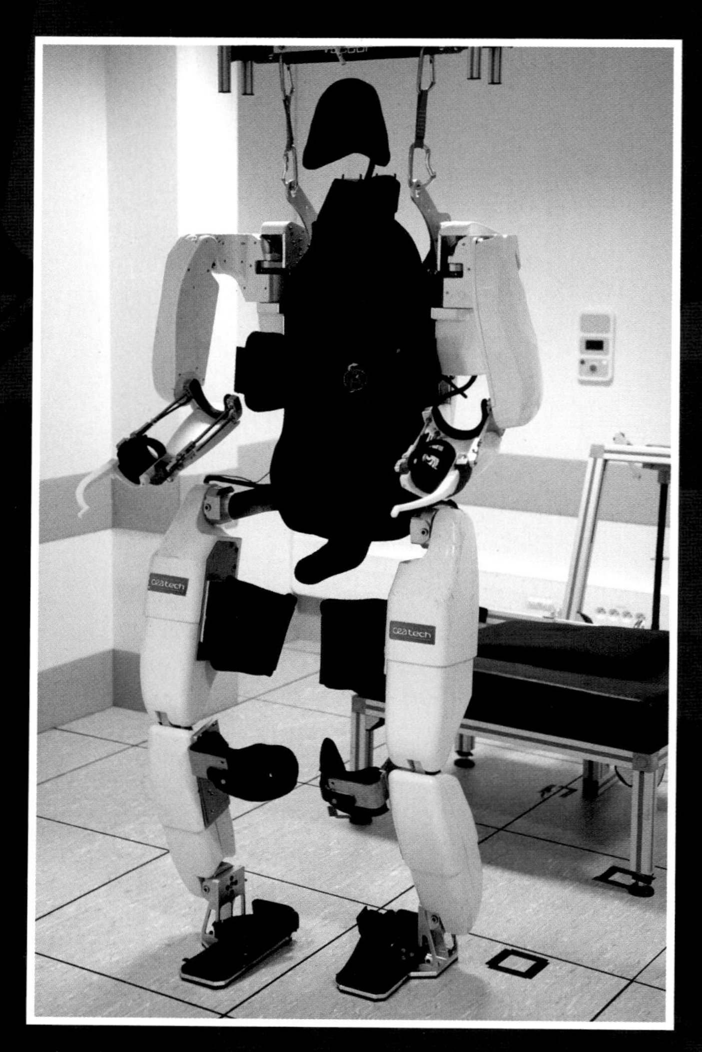

프랑스 연구진이 개발한 전신 보조형 웨어러블 로봇. 사지 마비 환자의 뇌에 무선 BCI(Brain-Computer Interface) 장치를 설치한 후 생각만으로 전신형 외골격 로봇을 작동시켜 보행할 수 있다. ©프랑스 생의학 연구기관 '클리나텍'

영화 '어벤져스'를 보면 금속 갑옷으로 만든 로봇, 즉 웨어러블 로봇(아이언맨)을 입고 싸우는 슈퍼 영웅 '토니'가 등장한다. 토니에게 또 다른 웨어러블 로봇(워머신)을 받아 입고 싸우는 '로디'도 중요한 등장 인물. 그는 동료의 실수로 척수에 상처를 입고 평생 하반신을 쓰지 못하는 몸이 된다. 토니는 로디를 위해 그의 걸음걸이를 보조해 줄 '환자 보조용 웨어러블 로봇'을 새롭게 만들어 준다.

영화 속에서 토니는 천재 과학자다. 거의 '궁극의 웨어러블 로봇'으로 보이는 '아이언맨 슈트'를 뚝딱 만들어 낼 수 있는 사람이지만 로디를 위한 하반신 보조용 웨어러블 로봇을 만들 때는 하나하나 걸음걸이를 시험하면서 공을 들이는 모습을 보인다.

이 장면을 보면서 영화 제작진이 웨어러블 로봇의 종류에 대해 적잖이 고민하고 올바르게 연출했다고 생각한 기억이 난다. 실제로 환자 보조 목적의 웨어러블 로봇은 군사용, 산업용 강화복과는 설계의 원리가 기본적으로 다르기 때문이다.

특히 사고로 하체 마비 장애를 갖게 된 사람들은 평생 휠체어에 의지해 살아야 하는데, 이 경우 웨어러블 형태로 만든 '로봇 다리'를 이용하면 어느 정도 보행이 가능해진다. 실용화에 성공한다면 일상생활에서 흔히 볼 수 있는 환자용 필수 장비로 거듭날 것으로 기대된다.

어벤져스의 로디가 착용한 보행보조용 웨어러블 로봇 ©마블

환자 위한 웨어러블 로봇, 어떤 것이 있을까

군사용, 혹은 산업용 웨어러블 로봇은 건강한 착용자들이 입고 움직일 것을 생각하고 설계한다. 사람이 신체를 움직이면, 그 움직임을 확인해 최대한 정확하게 따라 움직이며 같은 방향으로 힘을 내 근력을 보조하는 기술이 중요하다. 강한 힘을 내기 위한 유압식 구동 장치를 쓰는 일도 많다.

반대로 환자의 재활, 혹은 장애인 보조 목적의 웨어러블 로봇은 처음부터 다리를 쓰지 못하는 사람, 혹은 다리 힘이 약한 사람을 돕기 위해 만든다. 그러니 이 경우 로봇 스스로 사람의 몸을 보조해 한 발 한 발 안정적으로 걷는 기술이 더 중요해진다.

흔히 사용되는 방식은 체중 감지 기술이다. 사람은 왼쪽 발이 걸어나갈 때는 저절로 오른쪽 어깨를 앞으로 내밀게 된다. 발만 계속 걸어나가면 엉덩방아를 찧기 때문이다. 이 원리를 이용해 로봇의 발 부분에 무게를 감지하는 '감압 센서'를 넣고, 무게를 느낀 것과 반대쪽에 있는 발을 앞으로 움직여 준다. 여기에 압력 센서가 붙은 '전자 목발'을 보조적으로 이용하면 어느 정도는 혼자 보행이 가능해진다. 이러한 방식의 로봇으로는 이스라엘 기업이 개발해 현재 미국 법인 '리워크 로보틱스'에서 시판 중인 리워크(Rewalk)가 유명하다. 국내에서는 한국생산기술연구원 팀이 시험적으로 하체 마비 환자용 웨어러블 로봇 '로빈'을 개발한 바 있다. KAIST 교수들이 공동 창업한 '엔젤 로보틱스'의 '워크온슈트'도 널리 알려진 로봇이다. 대기업 중에는 현대기아자동차 연구진이 웨어러블 로봇 'H-MEX'를 개발하고 있다.

최초의 웨어러블 로봇으로 알려진, 노인들을 위한 재활용 로

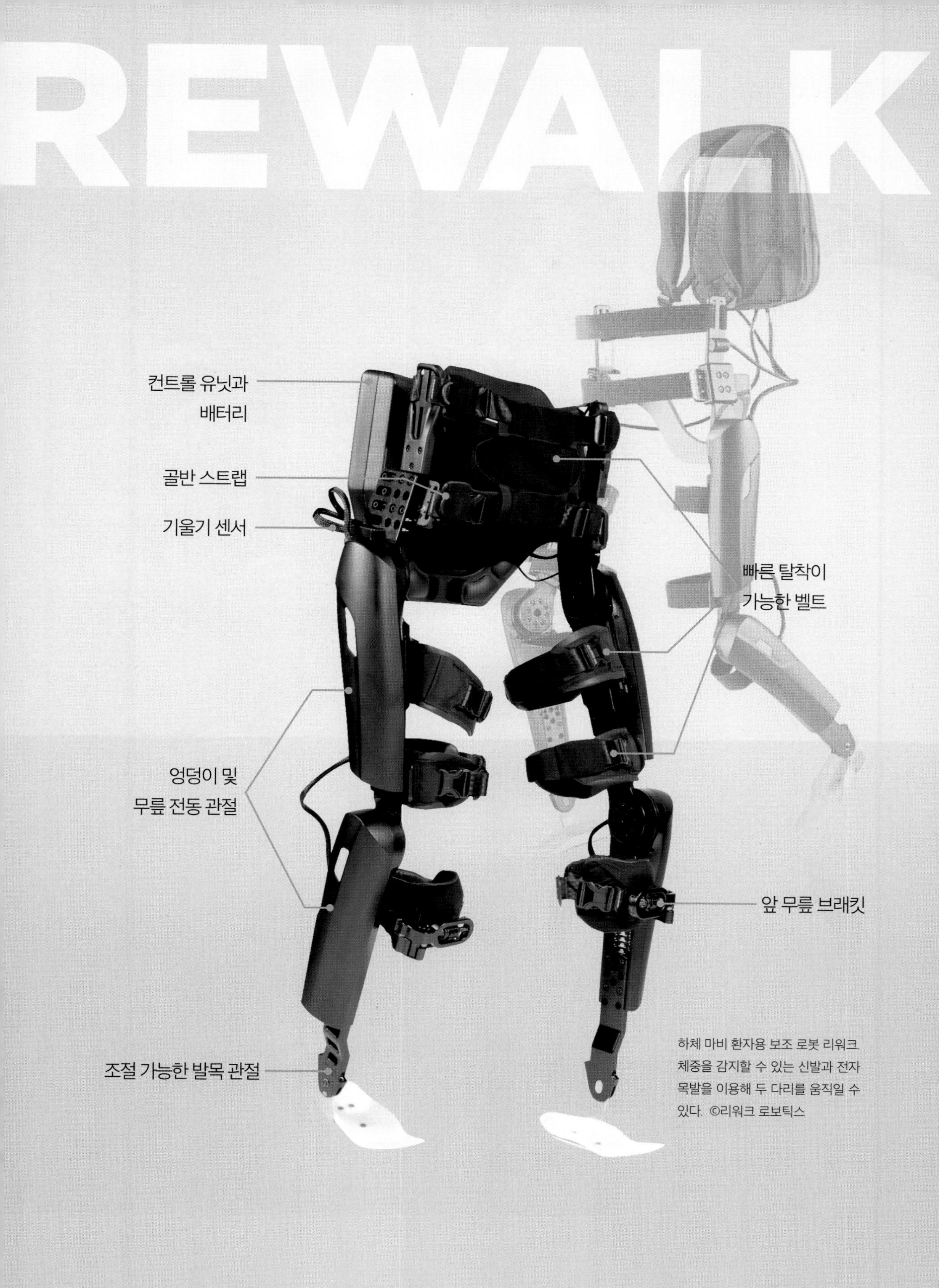

하체 마비 환자용 보조 로봇 리워크. 체중을 감지할 수 있는 신발과 전자 목발을 이용해 두 다리를 움직일 수 있다. ©리워크 로보틱스

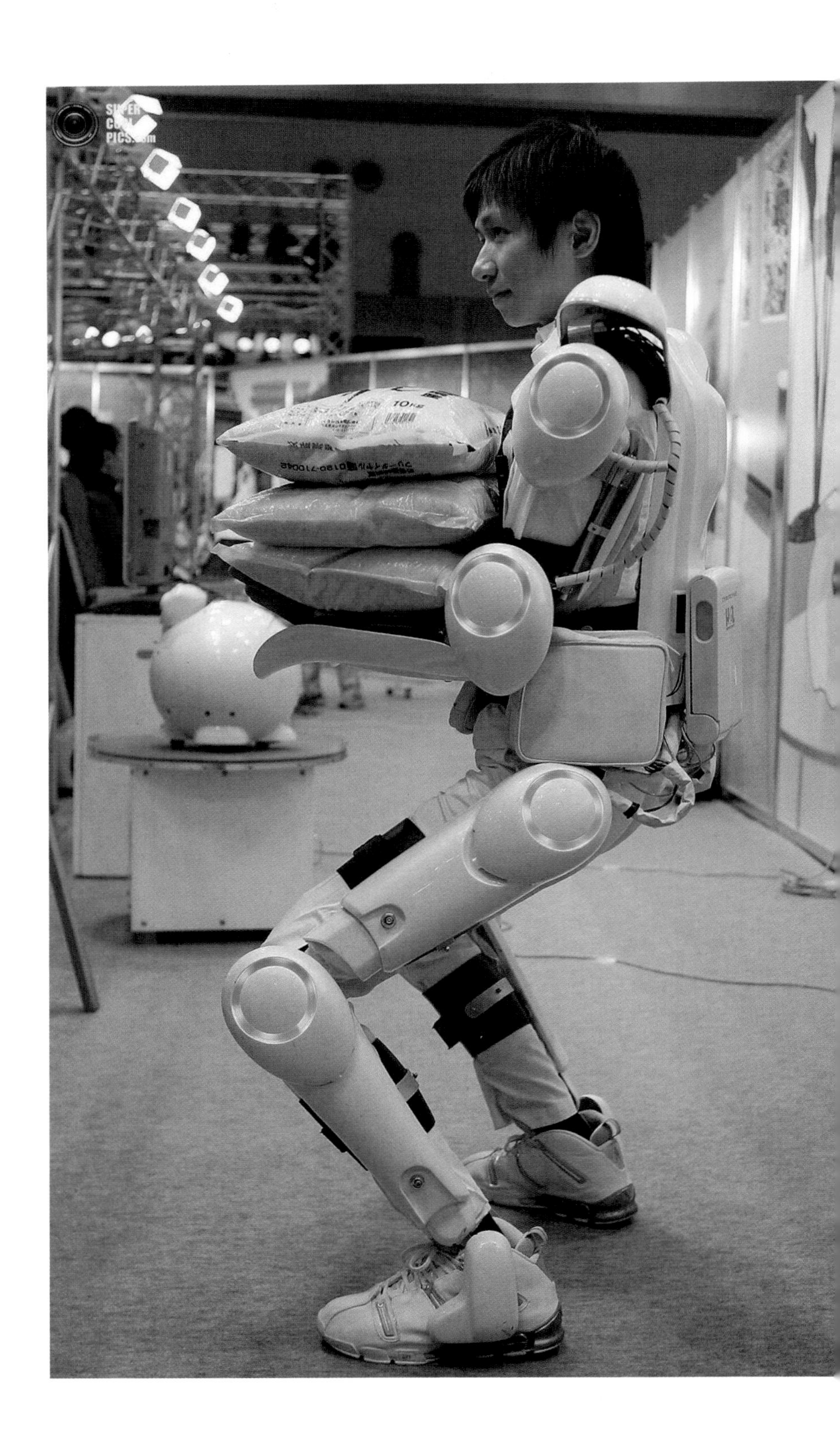

HAL은 2020년에 미국 식품의약국 (FDA)에서도 의료 기기 승인을 받았다. ©사이버다인

봇 '할(HAL)'도 유명하다. 일본 기업 '사이버다인'이 개발한 HAL은 주로 사용되는 체중 감지 방식이 아닌, 근육에서 발생하는 미세한 전기, 즉 '근전도'를 측정하는 방법을 이용한다. 건강한 사람에게도 적용할 수 있지만 주로 노인이나 환자 재활용으로 쓰인다. 미약하더라도 근육의 기능 자체는 살아있기 때문이다. 몸의 근육에 접착 패드를 붙이고, 그 패드를 통해 근육에서 발생하는 미세한 전기를 측정해 환자의 움직임을 예측한다.

이 방식은 근력 증강형이나 재활 보조용으로 모두 사용할 수 있으나, 일일이 정확한 부위에 접착 패드를 붙여야 하니 입고 벗기 불편한 점이 단점으로 꼽힌다. 또 다리에 신경이 완전히 통하지 않는 하체 마비 환자들에게는 적용하기 어렵다.

그러나 성능이 비교적 확실한 편이라 실제로 환자 재활에 쓰이고 있다. 의료용품으로 정식 승인을 받고 의료보험 대상으로 인증받은 것이 2016년이다. 루게릭병(ALS)을 포함해 근위축증과 척수성 근위축증 등의 치료에 쓸 수 있다.

이 밖에 이마센(今仙)전기제작소는 노인들의 보행을 지원하는 로봇인 '알크(aLQ)'를 판매하고 있으며, 도요타 자동차도 재활 지원 로봇 '웰워크(Welwalk)'를 개발해 공급에 들어갔다. 미국도 리워크 로보틱스가 척수 손상 환자를 위한 로봇을 시판하고 있다.

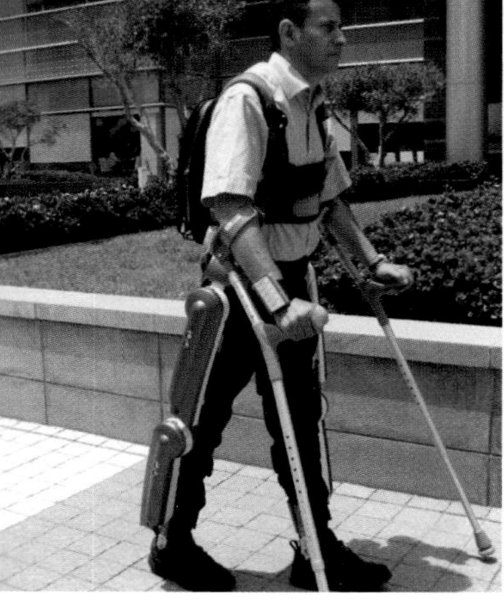

'뇌파 로봇제어 기술' 각광

그렇다면 목 아랫부분이 완전히 감각이 없는 '전신 마비 환자'의 경우는 희망이 없는 것일까. 이 경우에는 인간의 뇌파 측정만이 유일한 희망이라 할 수 있겠다. 인간의 뇌를 직접 컴퓨터 시스템과 연결하는 BCI(뇌-컴퓨터 연결) 기술을 활용해 로봇 다리를 움직이는 원리다.

아직 완전하지는 않지만 어느 정도 성공 사례도 있다. 2014년 6월 브라질 월드컵 개막식에서 특별한 시축 행사가 열렸다. 웨어러블 로봇을 입은 한 청년이 EEG(뇌파 측정 장치)를 내장한 헬멧을 이용해 환자의 뇌파를 측정한 다음, 그 뇌파를 컴퓨터로 보내 로봇 다리를 움직였다. 이 사례는 관련 기술 혁신의 전환점이 됐다.

브라질 월드컵 당시 시축 모습. 뇌파를 이용해 처음으로 하체 마비 환자의 다리를 움직여 보인 것으로, 이후 '뇌파를 이용한 웨어러블 로봇 개발'의 시발점이 됐다. ©월드컵 개막식 공식 영상 캡처

과거에는 '두뇌에서 뇌파를 측정해 필요한 정보만 해석하는 것은 한강물 떠서 맛을 본 다음 수원지를 맞춰 보라는 것과 마찬가지 행동'이라는 식의 비판이 많았다. 뇌파는 아주 미약하고 잡음도 많은데, 이 정보를 분석해 얼마나 의미 있는 행동이 가능하겠냐는 지적이다. 하지만 이날 시축 이후 뇌로 생각만 한다면 팔다리를 움직일 수 있다는 사실이 실증되면서 전 세계 과학자들의 관심을 끌었다. 결국 많은 연구자가 "우리도 할 수 있다."라며 나서는 계기가 됐다. 개발에만 성공하면 온몸을 전혀 움직이지 못하는 전신 마비 환자에게도 최소한의 이동성을 보장해 줄 수 있는 진일보한 기술이기 때문이다. 또 이 기술을 이용하면 군사 산업용 웨어러블 로봇 개발자들의 숙제인 '동작 일치(싱크로)' 문제를 근본적으로 해결할 가능성도 열릴 수 있다.

관련 분야 연구는 빠르게 성장하고 있다. 2014년엔 한쪽 다리를 뻗어 공을 툭 건드려 보는 데 불과했다면, 이제는 두 다리로 걸어 다니는 데 성공한 경우도 보고되고 있다. 2019년 10월에 발표된 프랑스 그르노블대 생물 물리학과 연구진의 연구 결과 역시 괄목할 만하다. 이 연구진은 전신 마비 환자용 외골격 로봇을 개발했다고 발표했는데, 환자가 입고 있는 웨어러블 로봇을 이용해 팔과 다리를 모두 생각만으로 제어할 수 있었다. '티보'라는 이름의 28세 청년은 12m 높이의 발코니에서 추락해 척수를 다친 후 사지 마비 판정을 받았다. 그러나 이 외골격 기술을 이용해 2017년부터 2019년까지 진행된 실험에서 외골격 로봇을 입고 두 손과 팔 관절을 움직이고, 두 발로 걸어 축구 경기장을 한 바퀴 도는 데 잇따라 성공했다.

이 방식은 환자의 머리에 두 개의 전극을 심는다는 점이 특징이다. 기존에는 환자의 뇌 속에 직접 전극을 심는 방법도 동물 실험을 통해 시도되곤 했는데, 자칫 뇌를 다쳐 사고 능력을 잃는 등의 부작용이 있을 수 있어 사람에게 시행하기는 어려웠다. 연구진은 두개골과 뇌를 감싸고 있는 뇌막 사이에 전극을 심어 뇌와 직접 연결하지 않고도 뇌파 신호를 더 정확하게 받을 수 있는 방법을 고안했다.

국내에서는 김래현 한국과학기술연구원(KIST) 책임 연구원 팀이 BCI 기술을 이용한 하체 마비 환자용 외골격 로봇을 개발하고 있다. 브라질 월드컵 당시에 비해 로봇이 훨씬 경량화됐으며

성능도 훨씬 높다. EEG를 이용해 뇌신호를 측정하는 방식이며, 압력센서가 붙은 전자 목발을 보조적으로 사용한다. 환자 혼자서 어느 정도 보행도 가능해 많은 주목을 끌었다. 이 기술은 지난 2월 미국 라스베이거스에서 개최된 세계 최대 첨단 기술 전시회인 'CES 2020'에서 소개돼 큰 호평을 받기도 했다.

국내 연구진이 개발한 뇌파 측정 방식의 웨어러블 로봇. 머리에 뇌파 검진 장비(EEG)가 내장된 모자를 쓰면 두 다리를 움직일 수 있다. ©한국과학기술연구원

환자보조용 웨어러블 로봇, 실용화까진 다소 시간

현재 쓰이고 있는 환자 보조용 웨어러블 로봇은 압력 감지 방식이 사실상 대부분이다. 이 기술은 상당 부분 발전해 계단을 걷거나 장애물 사이를 통과하여 걷고 이동하는 것도 가능하다. 이런 로봇 개발 기술을 겨루는 대회도 존재한다. 매 4년마다 열리는 '사이배슬론(Cybathlon)' 대회다. 흔히 장애인 올림픽이라는 수식어가 붙기도 한다.

국내에서는 KAIST 연구진이 워크온슈트를 이용해 출전하고 있다. 2020년 6월엔 워크온슈트 4를 공개했는데 계단, 경사(오르막과 내리막), 옆경사, 문 열기, 험지 등 일상생활에서 자주 접하게 되는 장애물을 모두 극복할 수 있다. 인체의 자연스러운 균형을 모사해 로봇의 무게 중심을 설계하는 방식을 도입하기도 했다. 덕분에 압력 감지 방식은 가장 빠르게 실용화될 기술로 꼽힌다.

뇌파 측정 방식은 이론적으로 가장 진보적인 방법이기는 하지만, 믿고 신뢰할 수 있는 기술인지를 검증할 필요가 있어 아직 시간이 필요하다. 실험적으로는 어느 정도 팔과 다리를 움직이는 것이 가능했지만, 과연 뇌파만을 분석해 사람의 운동 의지를 100% 완전히 분석하는 것이 가능하냐는 질문에 답할 수는 없기 때문이다. 뇌파란 뇌 속 혈관에 피가 지나가고, 또 신경이 움직이면서 생겨나는 미세한 전자 파장이다. 뇌 활동에 의해 생긴 부산물일 뿐, 뇌 활동에 의해 생겨난 신경 신호 그 자체는 아니다. 따라서 뇌파만을 분석해 웨어러블 로봇을 입고 있는 사람의 생각이나 의지를 완전히 분석하는 것이 가능하다는 근거는 아직 없다. 다만 BCI 기술과 함께 다양한 기술을 두루 활용해 환자 보조용 웨어러블 로봇을 실용성 있는 수준까지 높여나가는 것은 가능해 보인다. 이런 웨어러블 로봇 기술은 활용도가 매우 높은 기술이다. 특히 근전도 및 근경도 측정, 뇌파 측정 등의 방법을 이용하면 기존 의족, 의수 등의 성능을 크게 끌어올릴 수도 있다.

하체, 혹은 전신 마비 환자는 몸을 정상인처럼 움직이기 어렵고, 신경이 끊어져 있어 근육 등에서 오는 신호를 확인하기도 어렵다. 즉 환자 보조용 웨어러블 로봇은 근력 강화 목적의 군사, 산업용보다 한층 만들기 까다로운 것이 사실이다. 완전히 대중화 단계까지 기술이 발전하려면 더 많은 시간이 필요하다는 의미다.

조금만 더 시간이 지나고 기술이 발전한다면, 장애가 있는 사람도 생각한 것만으로 어디로든 성큼성큼 걸어갈 수 있는 세상은 반드시 찾아올 것이다.

사이배슬론 2020 대회 현장.
©KAIST

로봇 닥터의 활약

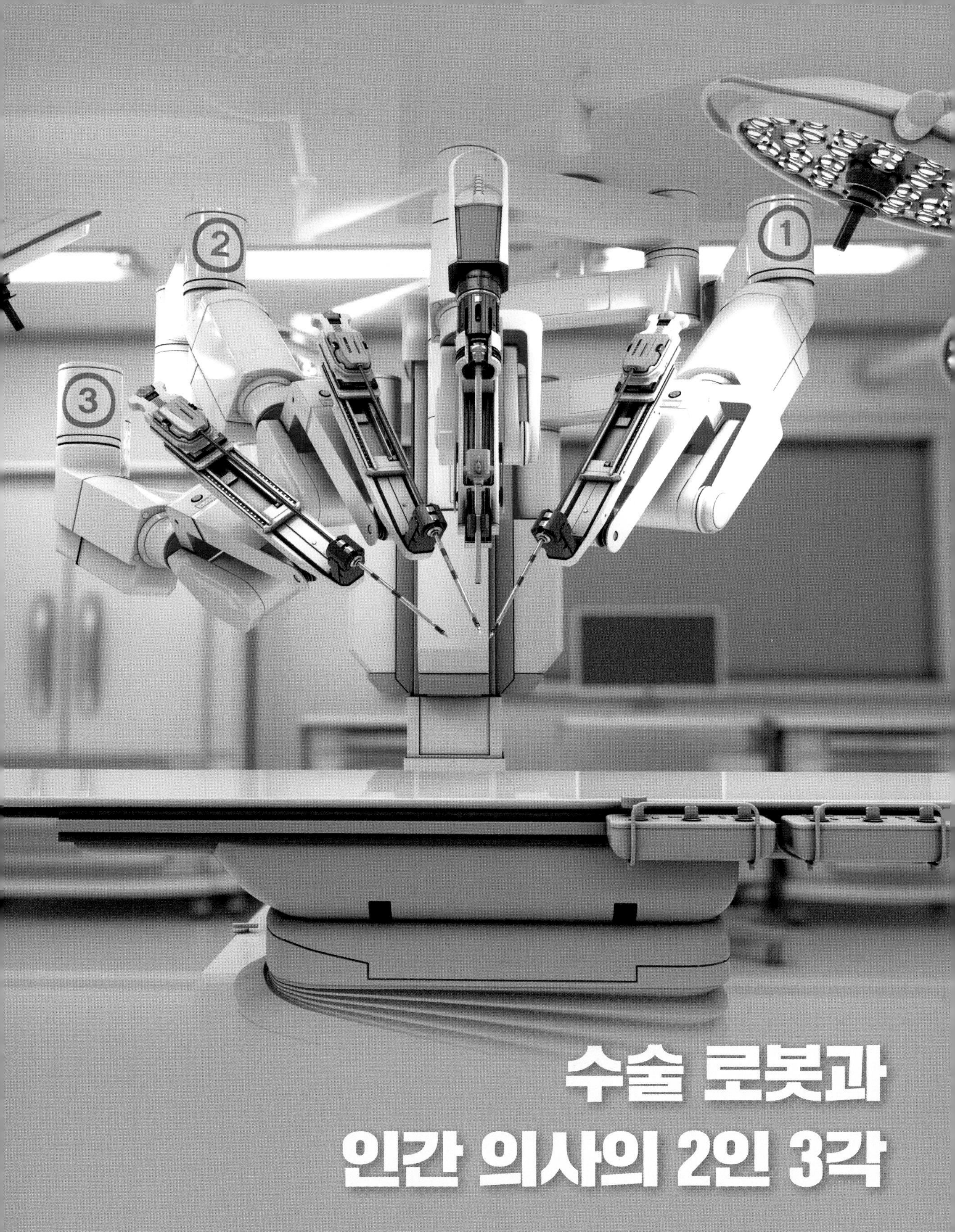

수술 로봇과 인간 의사의 2인 3각

“로봇 수술이 대중화되면서 의사들은 직장을 잃게 되지 않을까요?”

수술 로봇이 널리 보급되면 외과 의사들이 설 자리를 잃게 되는 것 아니냐라는 질문을 주위로부터 자주 듣는다. 사람 대신 수술을 할 수 있는 로봇의 성능이 점점 좋아지면 언젠가는 수술실에 의사가 들어가지 않아도 될 것 같다고 생각하는 경우다. 전문직의 상징 같은 의료인들마저 설 자리를 잃게 될 정도로 인공지능이나 로봇 기술이 위협적으로 여겨진다는 말로도 보인다.

현실 속 외과는 국내 예비 의사 사이에서 가장 인기 없는 분야 중 하나이다. 특히 심장외과 등은 사람의 목숨을 책임져야 하고, 만에 하나 실수라도 있다면 소송 등에 휘말릴 위험도 크다. 안 그래도 인기 없는 외과가 수술 로봇으로 인해 한층 더 지원자가 줄어들 수 있다고 걱정하는 사람들도 많다.

하지만 필자는 미래에 AI와 로봇 기술이 발전하면 도리어 외과가 더 큰 주목을 받을 것으로 보고 있다. 로봇 기술이 발전하면서, 이 로봇을 통제하고 수술 과정을 총괄할 외과 전문의의 위상은 더 높아질 수 있기 때문이다.

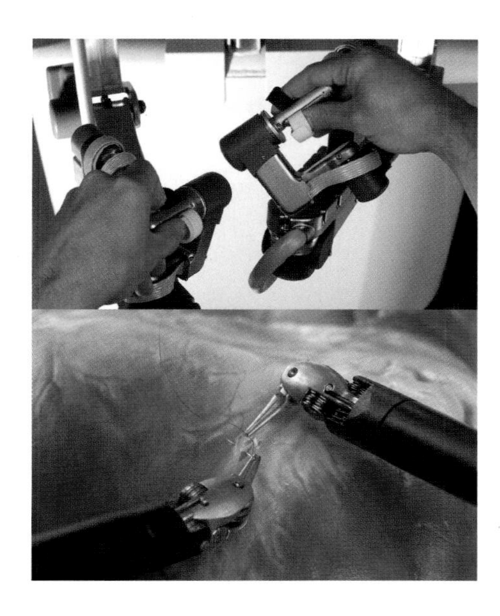

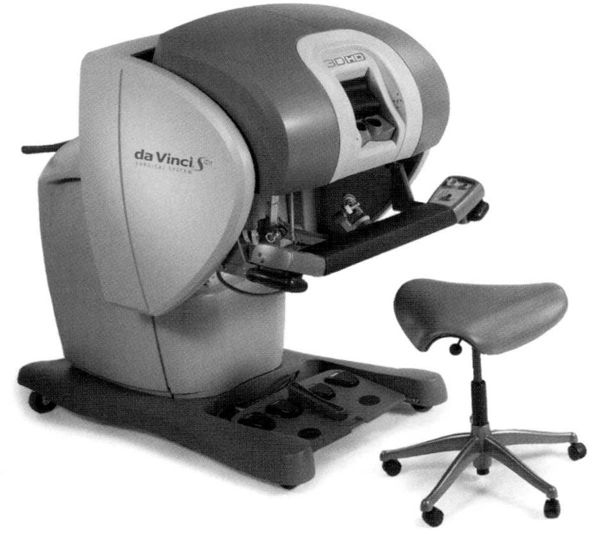

'수술 로봇과 외과 의사' 미래에 얼마나 주목받을까

현재 의대생이나 인턴 의사 사이에서 가장 인기 높은 과 중 하나로 '영상 의학과'가 있다. 어려운 수술에 참여하지 않아도 되고, 의료의 1선을 지켜야 하는 부담도 적기 때문이다.

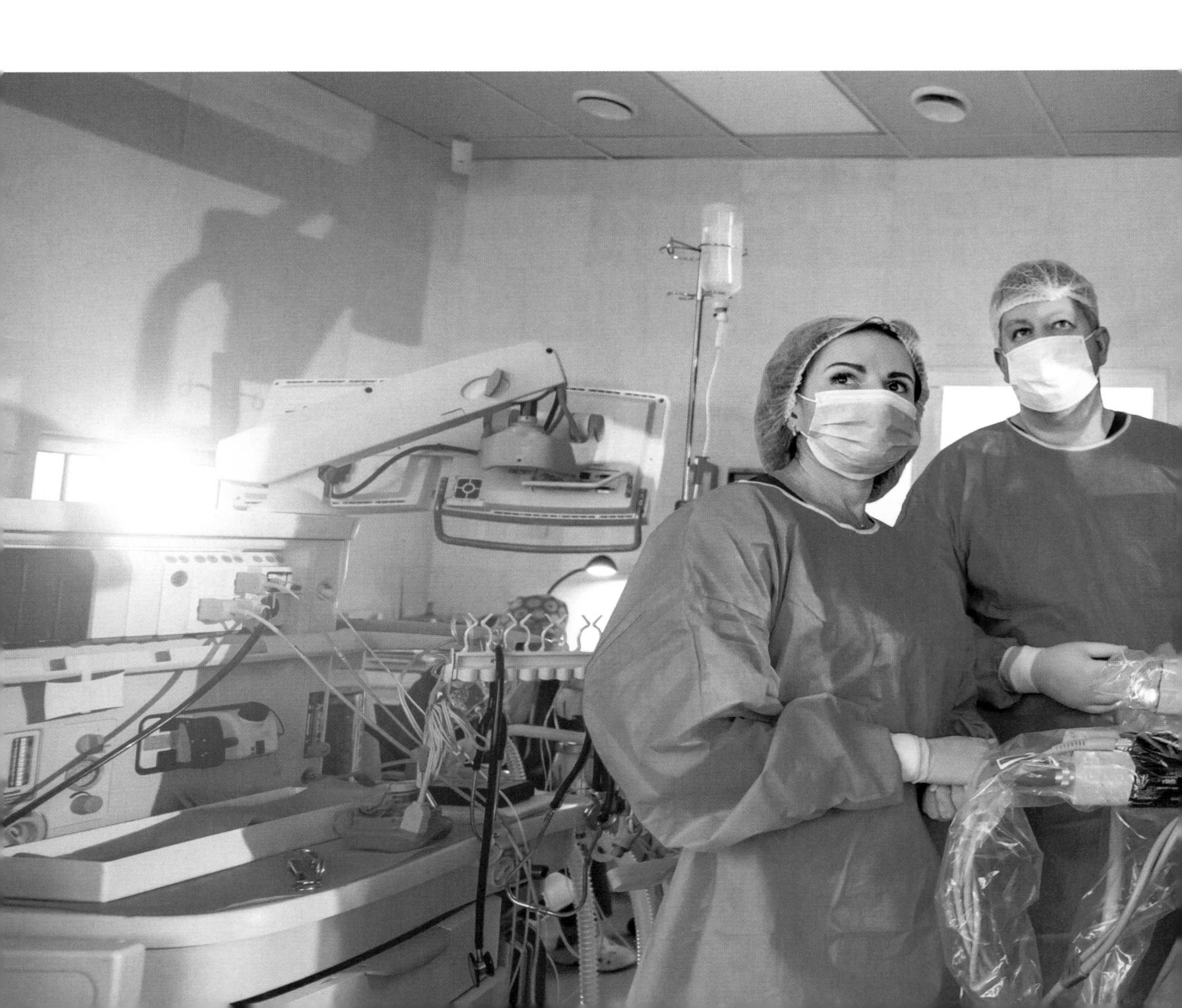

하지만 영상 의학과야말로 의료 인력의 필요성이 점점 줄어들 가능성이 크다. 인공지능 학습 기능을 이용하면 X선 촬영 영상, 컴퓨터 단층 촬영(CT) 영상, 자기 공명 영상(MRI) 등을 전문 지식을 갖춘 의료진 이상으로 더 잘 다룰 수도 있다. 영상 의학과 의사가 완전히 사라지지는 않을 것이고, 의학의 발전 목적에서 연구자로서의 수요도 계속 이어질 것이다. 그러나 현장에서 수요가 줄어드는 것은 피하기 어렵다. 만약 현재 대형 종합 병원에 10명이 근무한다면, 미래에는 한두 명으로 대체가 가능할 것이다. 기본적인 판독은 인공지능이 담당하고, 인간 의사는 이 판독

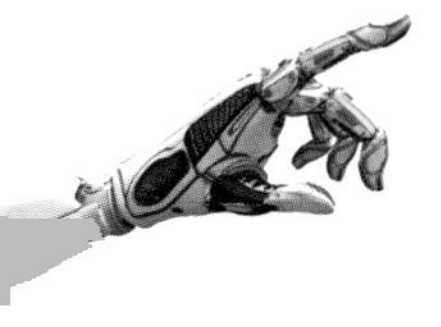

시스템을 관리하며 인공지능의 실수(실제로 어이없는 실수를 한다.)를 짚어내는 업무를 맡게 되는 방식으로 정착되리라 예측된다.

반대로 외과는 이야기가 다르다. 집도의는 자신의 책임하에 수술을 계획하고, 또 수술을 진행하는 과정에서 생기는 여러 변수까지 완전히 통제해야 한다. 로봇에게 이런 일을 모두 맡기는 것은 불가능하다. 영상 판독은 사진 한 장을 읽고 결과를 내면 끝이지만, 수술은 여러 명으로 구성된 하나의 팀이 한 사람의 몸을 치료하기 위해 꽤 장시간(10시간이 넘는 경우도 있다.) 협력해서 일해야 한다. 이런 일을 로봇에게 완전히 맡기려면 사람과 별 차이

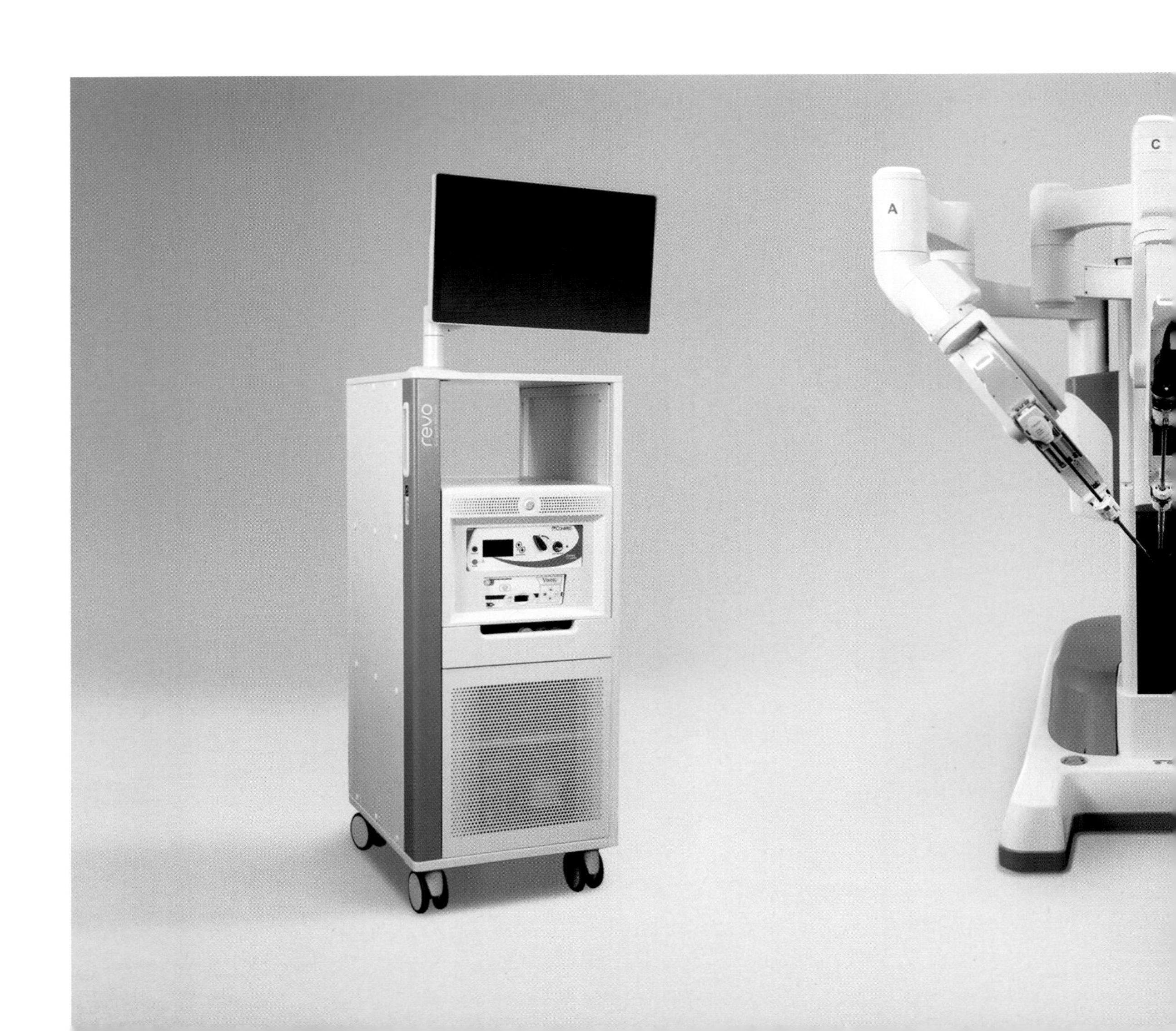

없을 정도의 완전한 자아를 갖춰야 한다. 현재의 AI 기술로는 불가능한 영역이다. 수술 로봇 기술이 발전할수록 외과 의사는 더 편하고 안전하게 일을 할 수 있지만 수술 자체를 책임질 '의사'의 역할은 로봇으로 대체가 불가능하다. 환자의 상태를 눈으로 확인하고, 수술 과정을 종합적으로 판단하는 일은 AI와 로봇 기술만으로는 한계가 있다. 결국 앞으로 로봇 수술 기법이 더 발전하면서 수술은 더 안전하고 쾌적한 작업으로 바뀌어 가는 반면, 외과 의사의 수요 자체는 크게 줄어들지 않을 것이다. 어쩌면 의학도 사이에서 인기가 있는 과로 탈바꿈할지도 모르는 일이다.

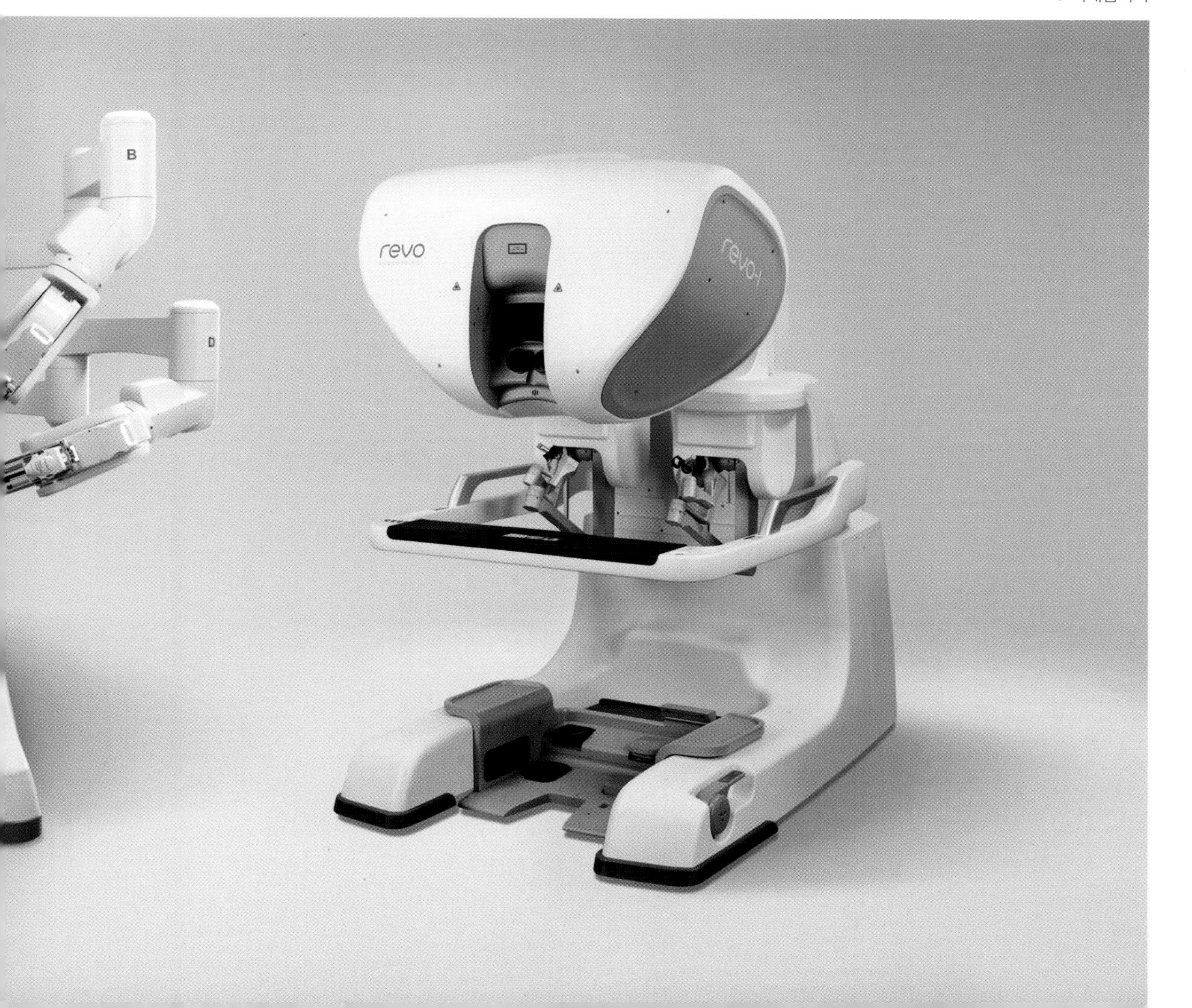

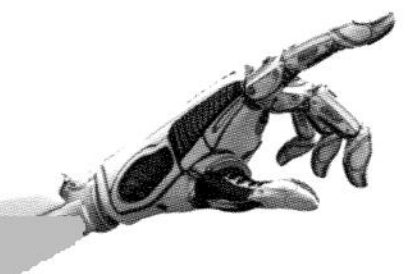

수술 로봇 = 의사를 돕는 도구

수술용 로봇은 이미 여러 번 실용화 되었는데, 가장 대표적인 로봇이 '다빈치'다. 미국 인튜이티브서지컬(Intuitive Surgical)에서 개발한 다빈치는 의료계에 큰 혁명을 가져왔다. 이 로봇은 본래 의사가 기다란 수술 도구를 손으로 잡고 환자의 몸에 뚫은 대여섯 개의 작은 구멍 속으로 넣어 치료하는 '복강경 수술'을 더욱 편리하게 할 수 있도록 만든 것이다.

복강경 수술을 할 줄 아는 외과 의사라면 이 로봇이 없어도 기존의 도구를 이용해 수술할 수 있다. 반대로 의사가 복강경 수술 자체를 할 줄 모르면 이 로봇은 무용지물이 된다. 다빈치는

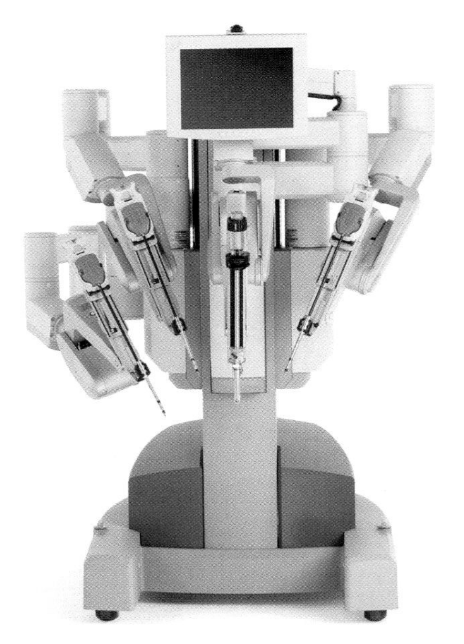

© 인튜이티브서지컬

수술을 보조하는 역할이고 수술의 주체는 의사이기 때문이다.

다빈치 로봇을 이용하면 환자의 몸속에 넣은 카메라를 통해 전송된 영상을 확인할 수 있다. 수술 시야를 확보하기 위해 무던한 노력을 하던 기존 수술 방식이 뿌리째 바뀌는 셈이다. 더구나 이 로봇은 의사의 손 떨림을 막아주는 기능도 제공한다. 환부를 코앞에서 생생하게 입체 영상으로 보면서 손 떨림이 전혀 없이 수술할 수 있으니 실수를 할 가능성은 크게 줄어든다. 최신형 모델은 몸속을 생생한 입체(3D) 영상으로 볼 수 있다. 다빈치는 조작 부위와 수술 부위가 분리돼 있다. 인터넷 등으로 연결한다면 언제든 원격 수술도 할 수 있도록 만들어져 있다. 다빈치가 실용화된 것은 이미 한 세대 전의 이야기다. 국내에는 신촌연대세브란스병원에서 2005년 처음 도입했으며, 그해 7월 15일에 첫 로봇 수술에 성공했다. 그 후 서울대병원, 아산병원, 삼성서울병원, 한강성심병원, 고려대안암병원, 부산동아대병원 등 앞다퉈 다빈치를 도입해 사용 중이다.

현재까지 개발돼 병원에서 쓰이고 있는 로봇은 모두 다빈치처럼 '의사가 더 편하게 수술을 할 수 있도록 돕는 고성능 수술 도구'로 쓰이며, 작은 부분이라도 의사가 역할을 완전히 대체하는 경우는 보기 어렵다.

국내에서 개발한 수술 로봇 '레보아이(Revo-i)'도 주목할 만하다. 4개의 로봇 팔을 이용해 다빈치와 비슷한 형태로 수술하는 복강경 형태 수술 로봇이다. 서울대, 연세의료원, 대구경북과학기술원(DGIST), KAIST, 전자부품연구원, 삼성전기 등 국내 기술진들이 개발했으며 2017년 8월에 사용 허가를 받았다. 이 형태의 로봇이 사용 승인을 받은 건 '레보아이'가 전 세계에서 두 번째다. 국내에 허가된 수술 로봇은 다빈치를 포함해 총 9개. 이 중 복강경 수술 로봇 형태는 다빈치와 레보아이 두 종류뿐이다. 그 이외의 수술용 로봇은 수술 부위의 위치를 안내하거나 인공 관절 수술에서 뼈를 깎을 때 사용하는 보조용 장치가 대부분이다.

새로운 수술기법, 로봇으로 만든다

수술용 로봇 기술은 지속적으로 발전하고 있다. 세계 의공학계(의료 분야에서 쓰이는 기계장치를 개발하는 분야) 학자들의 도전 역시 거세다.

예를 들어 의사가 손으로 직접 하는 수술 중 '싱글포트(단일공)'라는 수술 기법이 존재하는데, 복강경 수술의 일종이지만 구멍을 여러 개 뚫지 않고 배꼽 근처에 하나만 뚫는다. 수술이 끝나고 봉합만 잘 하면 흉터를 거의 남기지 않을 수 있다. 몸에 흉터를 남기고 싶지 않은 여성들에게 특히 인기가 높다.

다빈치 수술로봇을 이용한 단일공(싱글포트) 수술. 배꼽 부위를 절개하고 수술 도구를 X자로 교차해서 집어 넣는다. 수술 후 봉합에 신경을 쓰면 흉터가 거의 눈에 띄지 않는다. ©인튜이티브서지컬

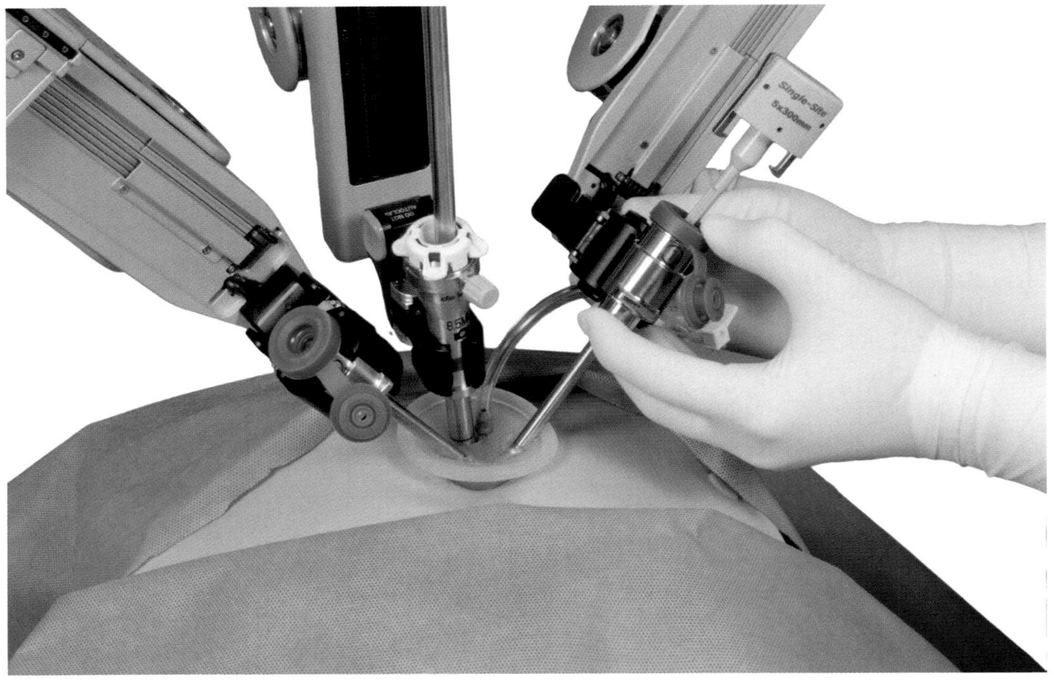

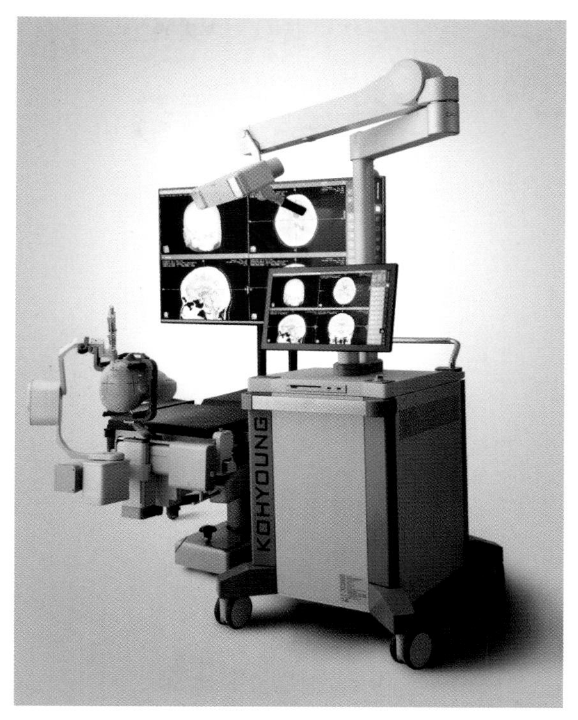

©고영테크놀러지

하지만 이 수술을 하는 의사로서는 대단히 큰 고역인데, 한 개의 좁은 구멍으로 여러 개의 도구를 넣어 환부를 자르고 꿰매어야 하니 수술 자체가 아주 까다롭다. 손으로 조작하는 구형 수술 도구로 단일공 수술을 자신 있게 할 수 있는 의사는 국내에 몇 사람 되지 않을 것이다.

그러나 로봇을 이용하면 단일공을 손쉽게 집도할 수 있다. 최근 출시되고 있는 신형 '다빈치' 로봇은 단일공 수술 기능도 갖고 있는데, 사람이 직접 하는 것 보다 훨씬 안전하게 수술할 수 있다. 로봇 기술이 발전하면서 환자들이 흉터 없는 수술을 받을 수 있는 길이 열린 것이다. 이처럼 수술 로봇의 발전은 의사의 편의를 넘어 의학 발전 그 자체를 주도하기도 한다.

대표적인 사례로 국내 반도체 제조 기업 고영테크놀러지가 3D 뇌수술용 로봇 '제노가이드'를 개발해 2016년 12월 국내 최초로 식품의약품안전처로부터 제조 판매 허가를 받은 바 있다. 이 로봇을 이용하면 3차원 센서 기술을 기반으로 뇌의 어느 곳을 뚫어야 하는지 정확히 짚어낼 수 있기에 신경 하나도 잘못 건드려선 안 되는 척수 및 뇌 수술 분야 수술을 훨씬 손쉽게 할 수 있다.

로봇을 이용해 뇌 수술을 안전하게 할 수 있게 된다면 수많은 사람들이 목숨을 구할 수 있고, 의료 사고로 인해 일평생 장애를 겪으며 살아갈 위험에서도 벗어날 수 있다.

먹기만 하면 진단-치료 가능한 ‘캡슐 로봇’ 등장

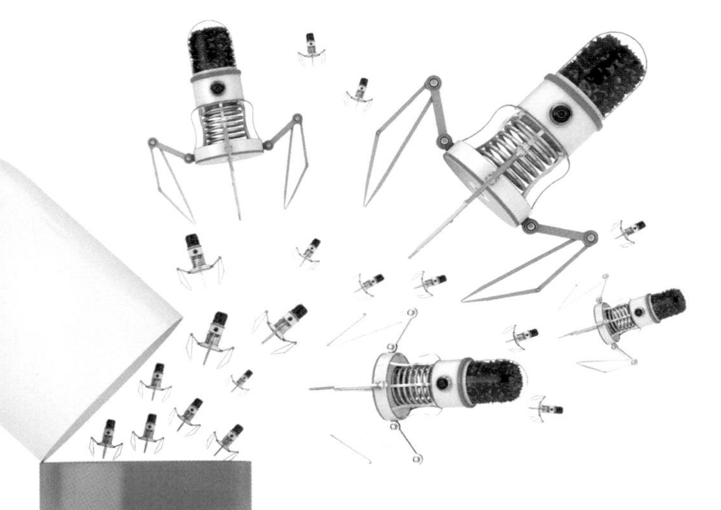

최근엔 알약처럼 캡슐만 삼키면 위나 내장 속을 돌아다니면서 환부를 치료하는 ‘캡슐 로봇’도 빠른 속도로 진화하고 있다. 이 로봇 역시 이미 실용화되어 있는데, 내시경을 대체해 몸속을 천천히 살펴보는 검사 장비로 쓰이고 있다. 과거에는 삼킨 캡슐 로봇이 뱃속에서 사진을 찍어 허리에 두르고 있는 수신 장치로 보내주는 방식이 주로 사용

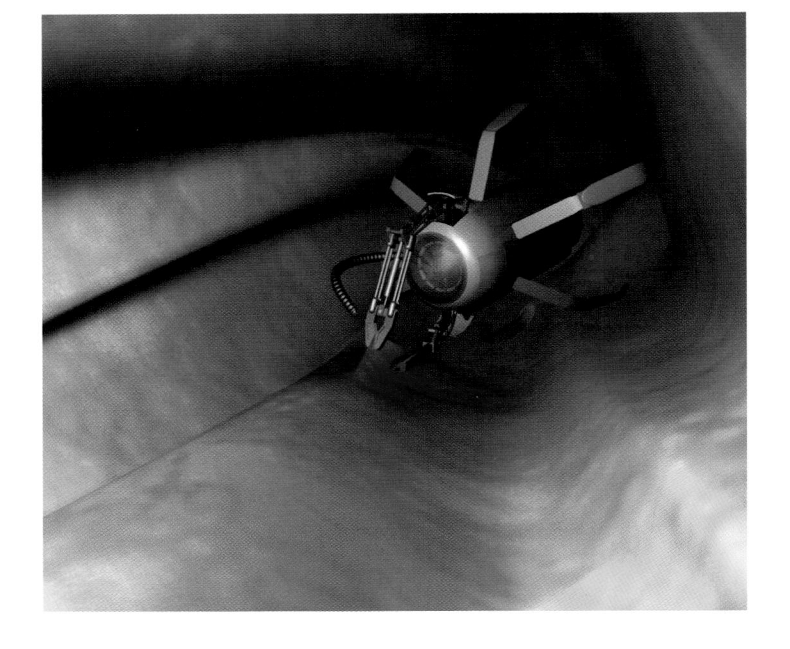

조직 검사용 샘플 채취, 수술 부위 표시, 약물 전달 기능 등을 갖춘 캡슐 로봇. 소화 기관의 연동 운동에 따라 이동하며 영상을 저장하는 내시경을 ‘1세대’, 외부 전자기장으로 움직일 수 있는 내시경을 ‘2세대’라고 한다면 진단 외에 다양한 기능을 갖춘 이러한 캡슐 로봇들은 ‘3세대’ 내시경에 해당한다. ©한국마이크로의료로봇연구원

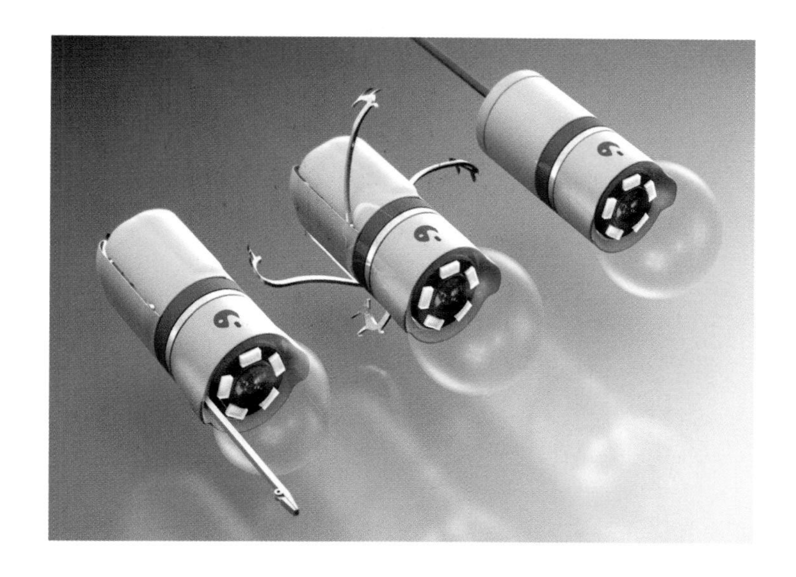

국내 기업 인트로메딕이 개발한 '바이노큘러 캡슐 내시경' ©인트로메딕

되었으며 작업 후에는 소화 기관의 연동 운동에 따라 변과 함께 배출되곤 했다. 마이크로 로봇을 삼킨 다음, 몸 밖에서 강한 자석을 이용해 조종하는 형태의 캡슐 로봇도 나왔다.

앞으로는 이보다 더 진보된 고성능 캡슐 로봇이 등장할 전망이다. 캡슐 로봇이 몸속에 생긴 환부를 직접 살펴보고, 조직 검사를 위해 살점을 일부 떼어 오고, 수술에 대비해 환부에 표시를 하거나, 약물을 환부에 직접 뿌려 치료까지 할 수 있는 기능을 갖추고 있다. 알약을 먹은 후 자기 공명 영상(MRI) 촬영 장치와 비슷한 원통 속에 누워 있기만 하면 검사와 진단, 치료가 가능해지는 셈이다.

수술 로봇은 사람의 생명을 구하고, 의학의 발전을 이끄는 로봇, 의사를 도와 더 쾌적하고 안전한 병원을 만드는데 크게 일조하고 있다. 많은 연구진이 도전하고 있고, 시장성도 커 앞으로도 점점 더 큰 발전이 예상되는 분야다. 과거엔 배를 여는 큰 수술이 필요하던 일을 흉터 없이 수술하거나, 캡슐 로봇을 먹기만 하면 해결할 수 있는 세상이 점점 가까이 다가오고 있는 것이다.

04

FUTURE

ROBOT improves industry

로봇, 산업을 개선하다

공장, 이렇게 변한다
무인 선박 시대 성큼

FUTURE 04-1

공장, 이렇게 변한다

사람과 어깨 맞대고 일하는 협동로봇

국내 개발 협동로봇 아미로 ©한국기계연구원

얼마 전까지만 해도 "도무지 '4차 산업혁명'이란 말의 실체를 알기 어렵다. 존재하지도 않는 공염불 같은 이야기에 왜 이렇게 많은 사람들이 열광하는지 모르겠다."라는 푸념을 자주 접하곤 했다. 이런 말을 들을 때마다 정확한 지적이라고 생각하면서도 한편으로는 아쉽다는 생각을 하곤 했는데, 본래 실체가 없는 것이 당연하기 때문이다.

1차, 2차(전기 혁명), 3차(정보화 혁명) 산업혁명의 실체를 알 수 있을까. 증기 기관이 1차 산업혁명의 실체는 아니다. 1차 산업혁명의 진정한 의미는 '인공 동력'의 확보에 있다. 내연 기관을 손에 넣게 되면서 그동안 상상 속에서나 가능했던 일이 현실이 되었다. 사람들이 말 대신 기차를 타고 다니게 됐고, 수공업으로 일을 하던 공장에서는 생산 라인이 설치되기 시작했다. 이런 거대한 기술의 흐름에 실체를 꼭 집어 말하기는 어렵다. 4차 산업혁명 역시 마찬가지다.

산업 강국으로서 자부심을 갖고 있던 독일은 다른 제조 국가들의 장점인 저렴한 인건비나 신속한 생산 체제 등에 대항할 수 있는 비결을 찾기 시작했다. 독일은 이를 정보 통신 기술(ICT)과의 융합에서 찾으려 노력했고, 그 결과 인더스트리 4.0이란 전략이 탄생했다. 이 개념은 '4차 산업혁명'이라는 미래 생산 시스템 전반에 대한 변화를 뜻하는 시대적 흐름의 토대가 됐다. 아직 감이 잡히지 않는 사람들을 위해 실체를 하나 찾아 보자. 눈으로 보고 손으로 만질 수 있는, 4차 산업혁명을 상징할만한 물건은 뭐가 있을까. 사람마다 여러 가지 대상을 떠올릴 수 있겠지만, 적어도 산업 현장에서 볼 수 있는 혁신은 로봇일 것이다. 기존 3차 산업에서 쓰이던 로봇에서 벗어나 새로운 시대에 적합한 로봇, 이른바 '협동로봇'의 등장은 4차 산업혁명의 상징과도 같은 물건으로 보아도 무리는 없을 것이다.

주변 환경 인식, 뛰어난 손재주 자랑하며 인간과 협업

협동로봇의 형태는 몸체에 로봇 팔 하나, 혹은 두 개 정도가 붙어 있는 산업용 로봇이다. 경우에 따라 상반신뿐인 휴머노이드(인간형) 로봇에 가까운 형태를 하고 있는 경우도 있다. 이런 로봇 하체에 바퀴를 달아 여기저기 움직일 수 있도록 만들면 '이동형 협동로봇', 작업용 테이블 등에 얹어놓고 고정해 두면 '고정형 협동로봇'이라고 부른다.

협동로봇은 다재다능하다. 좁은 공간에서 화상 센서(카메라)는 물론 초음파 센서, 힘 센서 등을 고루 장착하고 있으며, 사람이 손으로만 해야 하던 세밀한 작업도 작은 집게나 로봇 손을 써서 일할 수 있다.

이런 로봇이 도입되면 어떤 점이 좋아질까. 로봇이 주위 환경을 알아보고 스스로 판단하여 일을 할 수 있다. 고성능의 협동로봇은 사람과 어깨가 부딪히면 자신의 어깨를 움츠려 사람이 받을 충격을 완화시켜주는 기능까지 갖고 있으며, 주변 상황을 인식해 사람과 서로 정보를 주고 받을 수 있고, 작업 순서에 따라 사람을 보조할 수도 있다. 필요한 경우 음성인식 기술이 이용되기도 한다. 사람이 말로 명령을 내리면 알아듣고 작업을 수행하는 식이다. 인공지능을 이용해 한 번 배우고 익힌 일은 다른 로봇도 그 자리에서 할 수 있게 되니 일순간에 숙련공 여러 명을 고용한 효과도 얻을 수 있다.

명칭 그대로 사람과 함께 같은 공간에서, 서로 힘을 합해 일할 수 있다. '협동'이라는 이름을 붙인 이유는 이 때문이다.

You and Me라는 뜻을 지닌 국내 최초 협동로봇 YuMi. 다양한 제조공정에서 작업자와의 협업을 위해 개발됐다. © ABB코리아

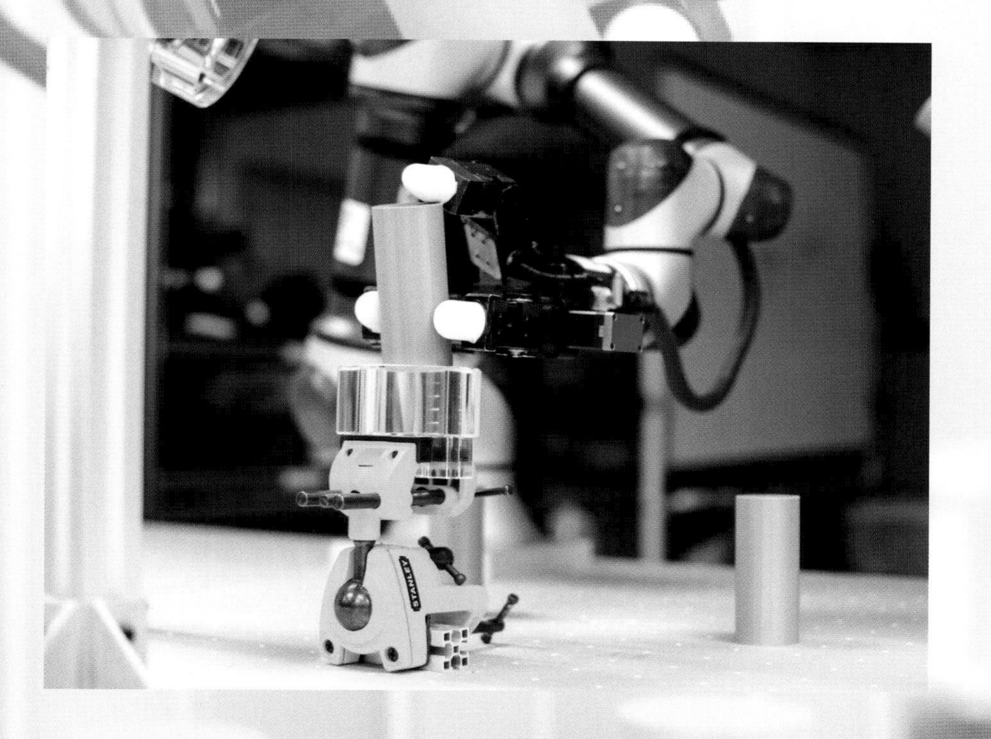

큰 폭으로 변화할 공장 생산 시스템

이런 협동로봇 등장으로 어떤 점이 달라질까.

이른바 '공장자동화 개념'은 3차 산업혁명 시대에도 있었다. 물론 이 시기에도 정밀한 로봇 기술이 필요했다. 컨베이어 벨트가 돌아가며 정해놓은 시간에, 정해진 위치에, 정확한 크기의 물건이 도착하면, 로봇 팔은 사전에 계획해 놓은 작업을 반복하며 물건을 만든다. 만약 컨베이어 벨트가 돌아가지 않아, 조립할 물건이 제시간에 도착하지 않으면 어떻게 될까. 로봇 팔은 허공에 대고 부품을 가져다 끼우려 하거나, 엉뚱한 위치에 용접을 하기도 할 것이다. 공장에선 휙휙 휘둘러대는 로봇 팔에 부상을 입지 않도록 사람의 출입은 엄격하게 제한해야 했다. 이런 자동화, 대량생산 방식을 채택하려면 제품의 개발만큼이나 공장 시스템 설계에도 공을 들여야 했다.

4차 산업혁명 시대에 들어서면서 전통적인 공장 시스템이 근본부터 바뀌고 있다. 소비가 많아지고 소비자들에게 다양한 선택을 제공하게 되면서, 이른바 '다품종 소량 생산' 시대로 진입하기 시작했다. 대규모 생산 라인을 설계하는 건 기업에게 부담이 됐는데, 그렇다고 사람이 모든 작업을 손으로 처리하면 인건비가 반영돼 제품 단가가 상승하고, 불량률 통제 등도 어려웠다.

이 해결책으로 등장한 것이 협동로봇을 비롯한 차세대 생산 장비의 도입이다. 공장의 자동화를 넘어선 공장의 '지능화'를 목표로 하고 있는 것이다. 할 수 있는 일은 다양하다. 여기에 투입될 로봇들은 정밀한 집게, 혹은 사람의 손과 비슷한 손가락 구조를 갖고 있다. 아직 개발 단계에 있는 로봇이 대부분이지만, 정밀한 손가락 동작이 가능한 '덱스트러스(손재주)' 형태의 로봇 손을 사용해 사람처럼 작은 물건을 집어 올릴 수 있는 경우도 있다. 작은 부품을 수작업처럼 조립할 수 있고, 영상 해석기술을 이용해 여러 개의 부품 중 원하는 것만 골라내 분류할 수도 있다. 물론 협동로봇이 아직까지 정밀 작업 분야에서 사람을 완벽하게 대체하기는 어렵다. 그러나 사람이 손가락으로 해야 하는 일을 보조할 수 있고, 일정 수준에선 로봇에게 자율적으로 작업을 맡길 수 있다는 점에서 기존 산업 구조의 틀을 깨는 큰 혁신이라는 평가가 많다. 협동로봇의 등장은 각종 센서 및 로봇 기술의 혁신, 인공지능 기술의 혁신이 일어나면서 실용화 단계에 들어섰다. 기업체들도 발 빠르게 산업용 협동로봇 개발에 나서고 있다.

독일 하노버 산업 박람회에서 슝크(SCHUNK)사의 그리퍼를 장착한 유니버셜 로봇의 UR5가 시연 중이다. 그리퍼 교체를 통해 상황에 맞는 다양한 업무 수행이 가능해진다. ©유니버셜 로봇

세계적 로봇 기업 앞다퉈 협동로봇 시장 진출

협동로봇이 처음 등장한 것은 2000년대 중반 이후. 이 분야 대표기업인 유니버셜 로봇(Universal Robot)이 UR3라는 로봇을 출시하면서 관련 시장을 개척한 것이 계기다. 이 회사는 현재까지 세계 1위 자리를 굳건히 지키고 있다.

관련 시장이 전망이 클 것으로 본 기업체들도 잇따라 협동로봇 개발에 뛰어들고 있다. ABB, 쿠카, 화낙, 야스카와 등 산업용 로봇 기업들이 대표적이다. 두산로보틱스, 한화정밀기계 등 국내 기업들도 욕심을 내고 있다.

두산로보틱스는 협동로봇이 미래 성장 동력이 될 것으로 보고 2015년 설립, 현재 연 2만 대 규모의 협동로봇 M시리즈 4개 모델을 생산하고 있다. CES2020에서도 두산은 큰 부스를 차리고, 자사의 협동로봇과 차세대 로봇화 중장비 등을 선보였다. 차세대 산업기술이 '4차 산업혁명' 위주로 바뀌어 나갈 것이라고 강하게 주장하고 있다.

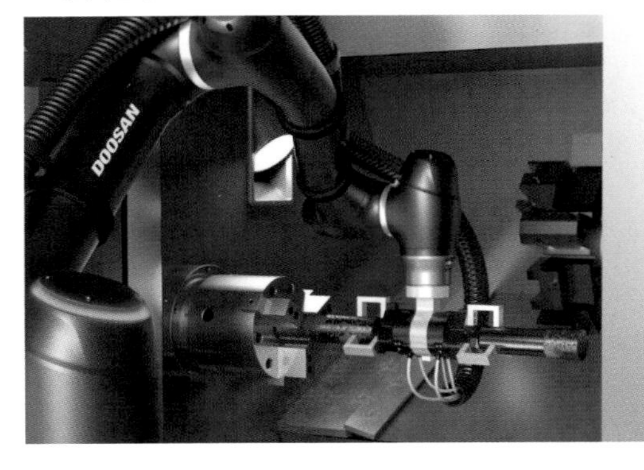

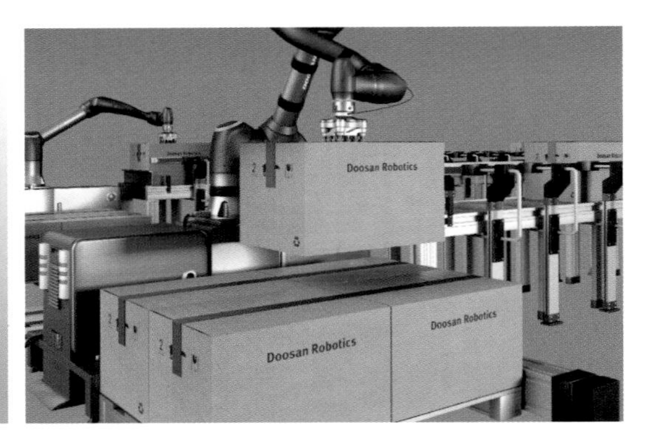

두산로보틱스가 20년 7월에 공개한 협동로봇 신제품. 속도와 가속성에 중점을 둔 A시리즈(왼쪽 사진)와 가반하중이 25㎏으로 무거운 짐 운반이 목적인 H시리즈(오른쪽 사진)로 나뉘어진다. ©두산로보틱스

①

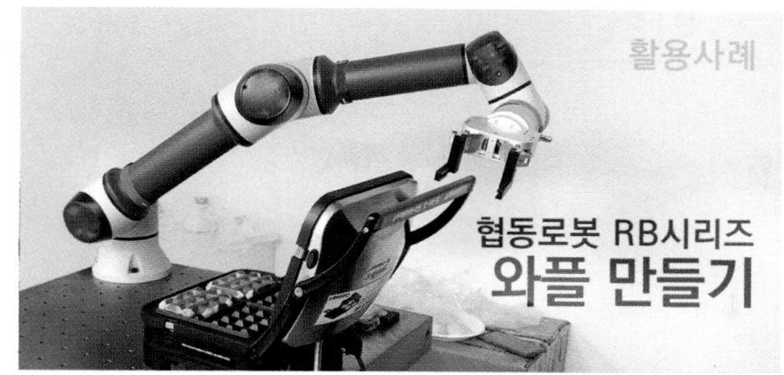

②

③

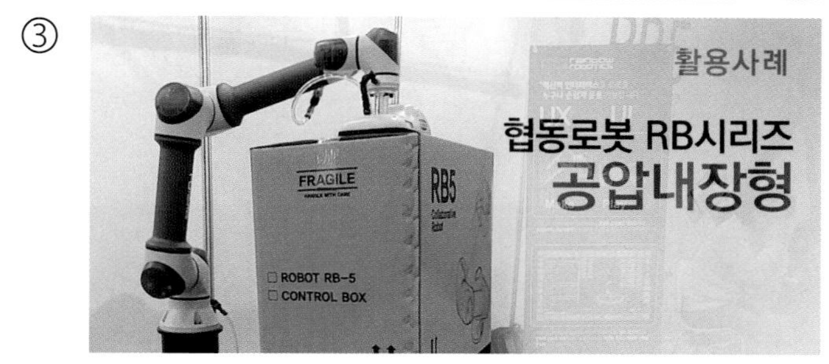

① 와플을 굽거나
② 아이스크림을 서빙하거나
③ 무거운 짐을 운반하는 것이 가능하다.

휴보 연구진이 창업한 기업 '레인보우'에서 개발한 협동로봇 RB시리즈.
© 레인보우 로보틱스

로봇 기업 레인보우도 주목할 만하다. KAIST에서 개발한 인간형 로봇 '휴보' 기술을 바탕으로 신형 협동로봇 RB시리즈를 개발하고 실용화에 나서고 있다. 레인보우는 로봇 휴보 개발진이 KAIST 실험실 내 벤처로 창업한 기업이어서 기술력만큼은 국내 정상급으로 꼽히고 있다.

정부 역시 협동로봇 실용화를 적극 지원하고 있다. 협동로봇이 국내 산업 현장에 안착되도록 관련 규제도 다듬을 계획이다. 정부는 2019년 정부세종청사에서 경제 관계 장관회의를 통해 '안전성이 확보된 산업용 이동식 협동로봇을 별도의 추가 인증 없이 사용하도록 규제를 완화할 계획'이라고 밝히기도 했다.

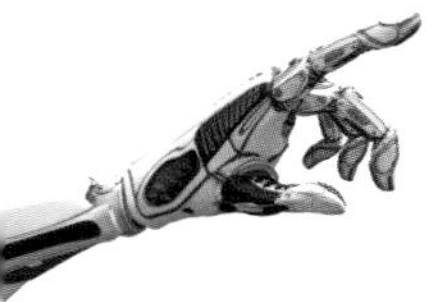

로봇 기술로 완성하는 '산업혁명'

물론 4차 산업혁명이라는 단어를 '협동로봇'이라는 단어 하나로 설명하기는 어렵다. 인공지능의 등장, 고도화 된 센서 기술, 빨라진 컴퓨터 연산 능력, 정밀한 로봇 기술 등이 등장하며 합쳐진 거대한 기술의 흐름이기 때문이다. 꼭 협동로봇을 도입하지 않더라도, 이런 기술의 흐름에 적합한 산업 구조를 선택할 수는 있기 때문이다.

그러나 현실에서 인공지능이 인간을 도와 어떤 일을 할 수 있도록 만들기 위해선 로봇 기술이 필수적이다. 적어도 공장 산업

시스템 속에선 미래형 협동로봇의 가치가 한층 더 크게 다가오는 것은 이 때문이다.

현재까지 개발된 협동로봇의 성능은 아직 제한적이다. 그러나 활용할 수 있는 분야는 점점 넓어지고 있다. 앞으로 협동로봇의 성능도 점점 더 발전할 개연성도 매우 높다. 정해진 환경에서, 미리 계산된 방식대로 대규모 작업을 반복하는 과거의 공장 자동화 로봇에 비해, 주변 환경을 인식하고 사람과 공동으로 작업할 수 있는 고성능 협동로봇의 존재는 산업 기반 전체를 바꿀 무기가 될 수 있을 것으로 보인다.

아마도 미래의 공장 직원은 로봇을 관리하고 일을 지시하는 것이 더 큰 임무가 되지 않을까. 여러 대의 고성능 협동로봇과 함께 일하던 사람이 "3호기, 좀 천천히 하자. 2호기가 힘들어 하잖아. 4호기는 가서 1호기 좀 더 도와주고."라고 업무 지시를 내리는 날이 올지도 모를 일이다.

무인 선박 시대 성큼

항해사 없이 바다 누비는 자율 운항 선박

미래형 자율 운항 화물선의 모습을 그린 상상도. 자율 운항 선박을 화물선에 적용할 경우 대량의 화물을 자동으로 실어나를 수 있어 해상 물류에 혁명이 일어날 것으로 기대된다. ©롤스로이스

로봇이라는 단어를 들으면 휴머노이드 로봇, 또는 팔이나 다리가 달린 복잡한 기계 장치를 떠올리는 일이 많다. 이런 로봇은 손으로 사람처럼 일할 수 있고, 험난한 길을 걸어서 이동하는 등 복잡하고 어려운 일을 해 낼 여지가 크다. 그러나 가격도 비싼데다 구조가 복잡하고 안정성 등도 떨어져 특수한 목적으로만 주로 쓰인다. 사회 곳곳에서 두루 쓰기에는 어렵다는 의미다.

이와 달리 구조도 간단하고 의외로 쓸모가 많은 '자율 이동 로봇'은 사회 곳곳으로 빠르게 침투하고 있다. 복잡한 기능은 없지만 이곳저곳 돌아다니는 기능이 핵심인데, 바퀴나 비행 장치(프로펠러 등), 선박 등을 이용해 스스로 돌아다니는 로봇이다. 이 구분에 따르면 사실 자율 주행 자동차나 드론 등 4차 산업혁명 이후 주위에서 손쉽게 볼 수 있는 것들 모두가 로봇의 범주에 들어간다. 집 안에서는 로봇 청소기 등이 대표적이다.

이런 자율이동 로봇은 주로 일상생활에서 주로 쓰이는데, 산업적으로 크게 주목받는 로봇이 하나 있다. 바다 위를 나아가는 자율 운항 선박이다. 사실 많은 사람들이 자율 주행차나 드론 등이 미래 사회에 큰 변화를 몰고 오리라 손쉽게 예상하지만, 의외로 선박 자율 주행 부분은 간과하는 경우가 있다. 아마 일상생활에서 자주 볼 수 없어 미처 생각이 미치지 못한 탓일 것이다.

그러나 자율 운항 선박은 자동차나 드론 등에 비해 빠르게 현실화가 가능하며, 그 실용성 역시 매우 높은 분야다. 자율 운항 선박의 등장은 해상 교통이나 물류, 레저 스포츠 분야의 모습을 큰 폭으로 바꿀 것으로 기대되고 있다.

조타수가 사라진 선박들

현재도 고성능 선박은 정해진 항로를 따라 자동으로 나아가는 기능이 있다. 하지만 이것은 항공기의 '오토 파일럿' 기능, 자동차의 '크루즈' 기능과 비슷한 것으로 단순히 인간이 정해 준 항로를 따라 나아갈 뿐이다. 돌발 상황에 대응하지 못하며, 능동적으로 항로를 변경하는 것 역시 어렵다. 자동으로 중심을 잡고 나아갈 뿐, 항상 사람이 지켜보며 수시로 설정을 변경해 주어야 한다.

반면 자율 운항 선박은 주변 선박의 정보, 파도의 높이, 태풍 같은 변수 등을 고려해 배가 나아갈 항로를 인공지능이 스스로 결정한다. 배가 일단 출항한 다음부터는 조타수가 할 일이 거의 사라지는 셈이다. 비상시 사람이 직접 배를 몰아야 하는 경우도 필요하기에 조타 가능한 항해사가 반드시 탑승해야겠지만, 대부분은 선박 운항은 사람이 손을 대지 않아도 자동으로 이뤄진다.

자율 운항 선박이 기술적으로 자동차나 드론 등에 비해 개발이 더 쉽다고 보기는 어렵다. 다른 자율 이동체 로봇과 마찬가지로 사물 인터넷(IoT), 빅데이터, 인공지능(AI) 등의 기술을 총체적으로 융합할 필요가 있는 데다 바다라는 특수 상황에 맞춰 별도로 고려해야 할 점이 적지 않기 때문이다. 자동차에 달린 차선 인식 기능 등은 필요가 없어지는 반면, 암초나 조수간만의 차, 해류의 움직임, 파도 등을 고려하는 인공지능이 필요해진다. 선박의 특성에 맞는 운행 시스템 역시 새롭게 개발해야 한다. 선체는 항상 사방으로 심하게 흔들리기 때문에 카메라 같은 센서들이 이런 환경에서도 주변 상황을 정확하게 인식할 수 있도록 움직임을 보정해 주는 기술이 추가적으로 필요하다.

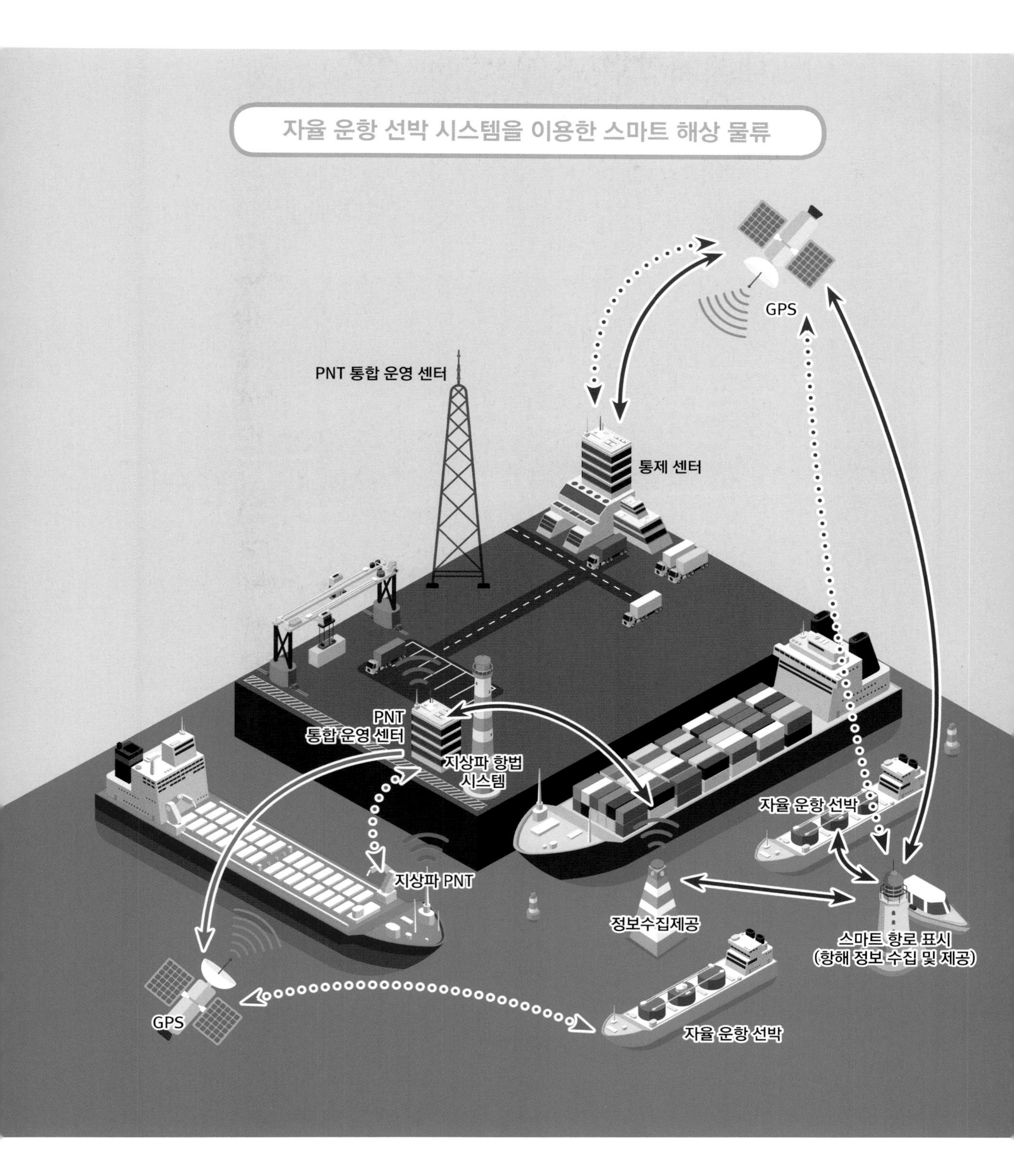
자율 운항 선박 시스템을 이용한 스마트 해상 물류
GPS
PNT 통합 운영 센터
통제 센터
PNT
통합 운영 센터
지상파 항법
시스템
자율 운항 선박
지상파 PNT
정보수집제공
스마트 항로 표시
(항해 정보 수집 및 제공)
GPS
자율 운항 선박

망망대해에서 자동 운행

KAIST 팀이 개발한 자율 운항 선박

그러나 일단 운행을 시작하면 사고 위험에 대한 부담은 상대적으로 적다고 볼 수 있는데, 일단 선박의 경우 먼 바다로 나아가면 주변에 장애물이 거의 없다. 당연히 주위를 파악해야 하는 센서 등도 그리 바쁘게 움직이지 않아도 된다. 또 최대 속도는 시속 수십 km 정도로 자동차나 항공기처럼 빠르게 움직이지 않기에 연산 장치에 부담이 걸릴 우려도 적다.

자율 운항 선박은 크게 두 종류로 구분할 수 있다. 첫째는 사람이 탑승하지 않는 소규모 선박에 자율 운항 기능을 얹은 '무인 선박'이다. 빠르게 바다 위를 누비고 다니며 조업 감시, 어군 탐지, 해양 관측·조사, 오염 방제, 해양 청소, 해난 구조 등 다양한 분야에 활용할 수 있다.

두 번째는 여객선, 화물선, 과학 탐사선 등의 대형 선박에 자율 운항 기능을 얹은 것이다. 이 경우 물류 혁명으로까지 이어질 것이라는 기대가 많다. 사람이 일으킬 수 있는 착각이나 실수를 방지해 안전성을 높이고, 인건비 절감 효과 역시 높아지기 때문이다. 원양 어선원의 일자리를 침해한다는 의견이 있을 수 있지만, 대다수의 해운사는 선원 구인난에 시달리고 있다. 육체적으로 힘든 3D 직종이라는 인식 때문에 지원자가 줄고 있기 때문이다. 자율 운항 선박은 이런 부담을 덜어줄 대안 중 하나로 부각되고 있다.

한국해양수산개발원은 2019년 국제 시장 조사 기관 마켓츠앤마켓츠(MarketsandMarkets)의 자율 운항 선박과 세계 물류 자동화 시장 전망 보고서 내용을 기반으로 향후 세계 시장 동향에 대해 발표한 바 있다. 이에 따르면 세계 자율 운항 선박 시장 규모는 연평균 7.0%씩 성장하여, 2030년에는 138억 달러에 달할 것으로 보인다.

자율 운항 선박 조타실. 완전 자동으로 운항하더라도 수동 조타 기능은 필요하다. ©삼성중공업

유럽 등 각국서 앞다퉈 실용화 준비… 국내 연구진도 관련 연구 박차

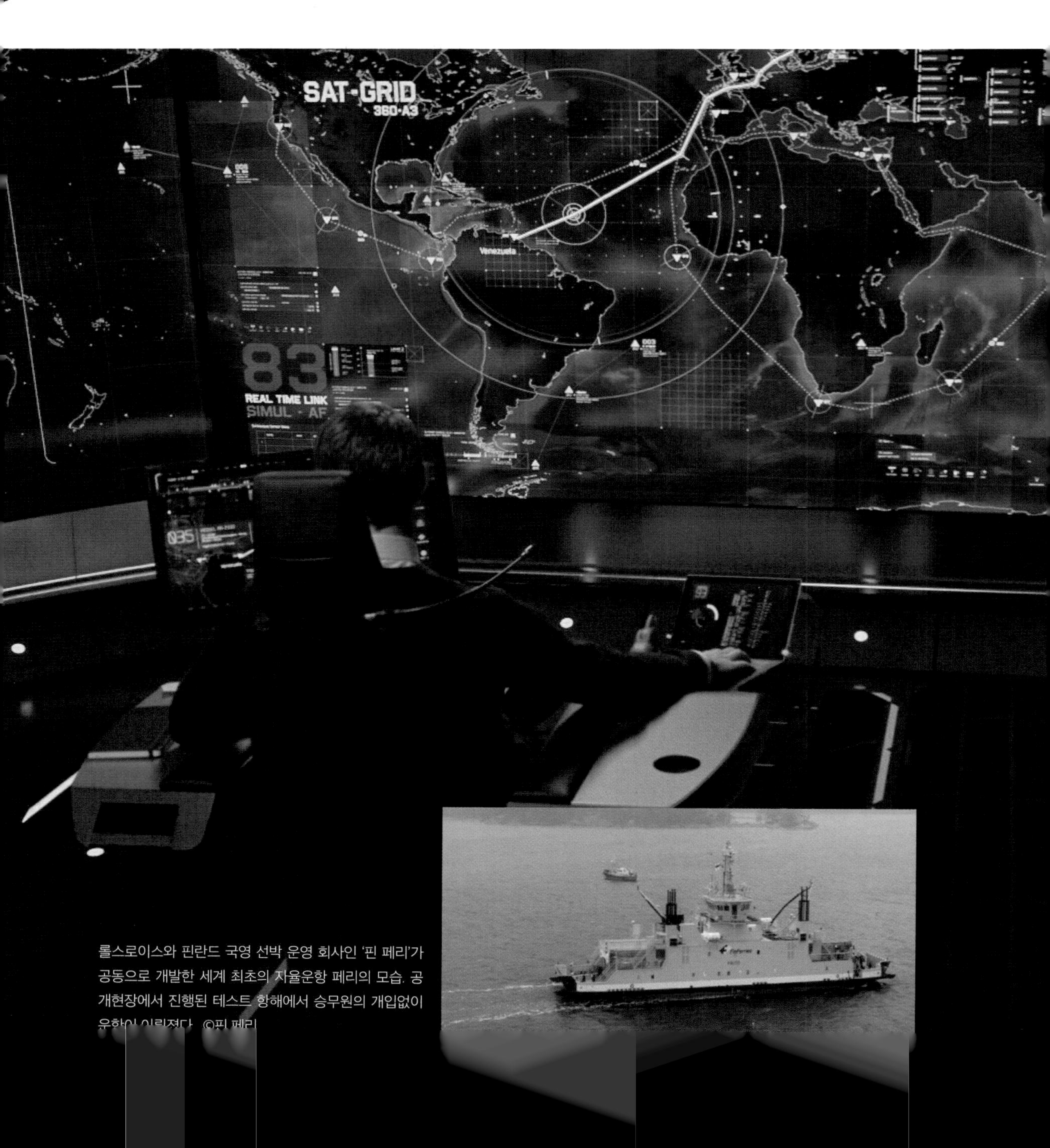

롤스로이스와 핀란드 국영 선박 운영 회사인 '핀 페리'가 공동으로 개발한 세계 최초의 자율운항 페리의 모습. 공개현장에서 진행된 테스트 항해에서 승무원의 개입없이 운항이 이뤄졌다. ©핀 페리

현재 자율 운항 선박 개발에 가장 앞장서고 있는 곳은 유럽연합(EU)이다. 400개 이상 기업이 참여해 실증사업을 벌이고 있다.

실제 운항에 성공한 사례도 나오고 있다. 영국과 핀란드 공동 연구진은 승객 80여 명을 태운 세계 첫 완전 자율 운항 여객선 '팔코(Falco)'의 시험 운항을 성공적으로 마쳤다. 2018년 12월 3일(현지 시간) 이 여객선은 핀란드 파르가스항을 출발해 사람의 조종 없이 나구항에 무사히 도착했다. 팔코는 운항 중 움직이는 선박 같은 장애물과 날씨 등 주변 환경을 스스로 인식하고 항로를 우회하기도 했다.

연구진은 완전 자율 운항 기능을 갖춘 팔코를 2021년 이후 실제로 상용화할 계획이다. 이 밖에 노르웨이의 한 물류업체도 세계 첫 완전 자율 운항 무인 화물선인 '야라 버클랜드'를 선보였다. 이 선박은 코로나19 사태로 인해 잠시 건조가 중단되기도 했지만 2021년 1월에 완공되어 선주에게 무사히 인도되었다.

국내에선 대학 및 정부 출연 연구 기관 주도로 실용화에 필요한 각종 신기술 개발이 한창이다. 한국해양수산연구원 선박 AI 운항 연구단은 국내 기업과 공동으로 인간의 실수로 일어나는 선박 사고를 막을 수 있는 자율 운항 선박용 운항 지원 시스템을 개발했다. 선박의 길이와 속력 및 선박 조종 성능이 고려된 동적 선박 운항 방법을 개발해 냈다.

또 한국해양과학기술원은 지난해 자체 무인 수상선을 개발, 정밀 해저 지형 관측에 성공하기도 했다. 이 선박은 휴대 전화에 주로 사용하는 'LTE' 통신 모듈을 이용해 연안에서 수십 km 이상 떨어진 도서 지역 또는 외해에서도 데이터를 주고받으며 자율적으로 움직인다. 연구진은 이 기술을 이용해 소형 무인 작업선 '아라곤-Ⅲ'를 개발해 해양 순찰용, 연구용 등으로 활용할 계획이다. 국내 기업 중에는 현대중공업과 삼성중공업, 대우조선해양 등이 실용화 단계 기술을 개발 중이다.

기술은 충분, 제도 정비가 관건

자율 운항 선박은 군사용으로도 가치가 크다. 사진은 미 국방부 산하 방위고등연구계획국(DARPA)이 개발한 자율 운항 선박 '씨헌터(Sea Hunter)' 프로토타입 모델 ©DARPA

자율 운항 선박의 실용화에 필요한 기술은 사실상 완성 단계에 돌입한 것으로 여겨진다. 향후 관건은 법과 제도의 정비이다. 자율 운항 선박도 선박법, 선원법, 선박안전법 등 관련법 규제를 받는다. 소형 자율 운항 선박은 사람이 승선하지 않기 때문에 이런 법규를 누가 책임지고 준수할지 기준이 모호해지는 단점이 있다. 면허가 있는 항해사가 탑승하는 대규모 선박의 경우도 기기별로 안전 검증을 통과해야 한다.

연구자들은 이런 법, 제도적 규제가 걸림돌이 되는 경우가 실제로 적지 않다고 주장한다. 기술을 개발해 실제로 배에 장착하고 바다로 나아가면 그 순간 위법이 되는 경우가 많기 때문이다.

중국은 세계 최대 규모 시험 해역을 건설해 이런 문제를 정면돌파하려고 노력하고 있는데 비해, 우리나라는 다소 아쉬운 대응을 펴고 있다. 경상남도는 최근 이러한 규제를 피해 무인 선박 기술을 개발할 수 있는 '무인 선박 규제 자유 특구'를 신청했지만 탈락한 바 있다.

자동차나 드론 등과 다르게 새로운 선박을 만들기 위해선 최소 수년 이상의 시간이 필요한 것도 걸림돌이다. 일반 선박을 개조하는 형태로 만들 수는 있지만 구동 장치, 조타 장치의 자동시스템 연결, 센서 등을 설치할 위치를 계산하고 선박을 개조해야 하므로 이 역시 적잖은 시간이 필요하다. 법적인 제도를 정비하고, 자율 운항이 가능한 배를 준비하는 데만 적잖은 시간이 필요해진다. 첨단 장치는 세대를 거듭할수록 성능이 좋아지는데, 한 세대가 너무나 길다는 문제점이 생긴다.

드론이나 자율 주행차도 각종 규제로 인해 시험 운행조차 하기 어려운 문제가 생기는 셈이다. 다만 관련 분야에서 세계 선두로 뻗어나가려면 규제를 혁신적으로 철폐하는 한편, 대규모 시험장을 제공하는 등의 추가적인 노력을 기울일 필요가 있다. 자율 운항 선박은 기술적으로 '해상 물류 혁신'으로 이어질 가능성이 매우 높다.

먼 바다에선 태풍과 다른 선박, 암초 등을 피해 자동으로 사고 없이 운행하고, 항구 근처에 다가가면 안전하게 접항해 자동으로 물자를 수송하는 선박이 실용화 된다면, 해상 무역에 의존하고 있는 현대의 물류 시스템 효율은 큰 폭으로 올라서게 될 것으로 보인다.

현대중공업 그룹은 완전 자율 운항 전 단계인 '항해 지원 시스템(HiNAS)'을 적용한 초대형 광석 운반선(VLOC) 케이호프(K.Hope)호를 개발해 SK해운에 공급한 바 있다. ©현대중공업

05

FUTURE

ROBOT changes life style

로봇, 생활을 바꾸다

사회 모든 것 바꾸는 '지능형 서비스 로봇'
드론이 바꾸는 미래 사회
도로 시스템 혁신 자율 주행차의 등장

사회 모든 것 바꾸는 지능형 서비스 로봇

로봇이 택배 나르고
공항 안내,
청소까지 알아서

비대면 방역 작업을 위해 개발된 '클로이 살균봇'. UV-C 자외선 램프를 이용해 50cm 이내 거리에 있는 대장균을 99.9% 살균하는 성능을 가지고 있다. 자율 주행과 장애물 회피 기술을 기반으로 실내 공간을 누비며 사람의 손이 닿는 물건들의 표면을 살균한다. ©LG

로봇의 종류를 상세히 구분하기란 사실 거의 불가능하다. 사람마다 구분이 다르며, 개발자마다 자신만의 아이디어를 적용해 로봇을 만들다 보니 정확히 종류를 나누는 것 자체가 어렵다.

다만 '이렇게 만들어야 로봇이다.'라는 최소한의 기준 정도는 있는데, 국제 공업 규격(ISO)에선 '2개 이상의 축(관절)이 있고, 주어진 환경에서 특정한 임무를 수행하기 위해 자율적으로 작동하는 기계'라고 정의하고 있다. 즉 아주 간단한 기계에 소프트웨어를 얹어 조작하면 로봇으로 불러도 된다. 사실 스마트폰 속에도 구동 장치 부품은 2개 이상이 들어있는 경우가 많다. 진동을 만들기 위한 모터와 카메라가 들어가고 나오는 장치가 같이 달린 스마트폰도 많이 있다. 이 기준으로 보면 스마트폰도 로봇의 범주에 들어간다. 결국, 현대 사회에서 대다수 전자 장비는 사실상 넓은 의미의 로봇 카테고리에 포함된다.

다만 로봇을 전문으로 연구하는 경우, 그 형태나 사용 목적에 따라 여러 기준이 존재한다. 우선 제작 목적에 따라 공장 등에서 생산 활동에 쓰이는 '산업용 로봇', 그리고 인간의 생활을 쾌적하게 유지하도록 돕는 '서비스 로봇', 이렇게 크게 두 가지로 구분된다.

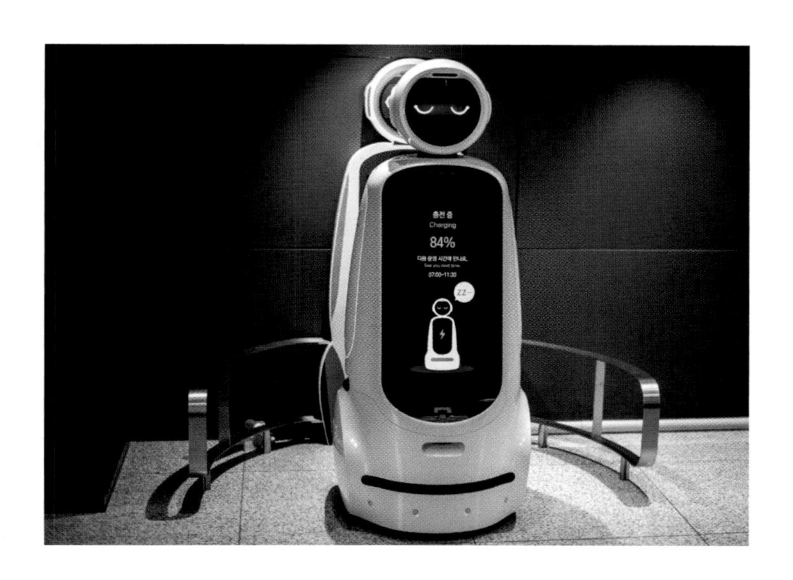

지능형 서비스 로봇 ≒ 자율 이동 로봇

서비스 로봇을 그 형태에 따라 구분하면 다시 세 가지로 나뉘는데, 첫 번째는 팔과 다리가 달린 인간형(혹은 동물형) 로봇이고 두 번째는 사람이 몸에 입는 '웨어러블 로봇'이다. 이 두 종류는 앞에서도 다루었으니 설명을 생략하기로 한다. 여기서 다룰 세 번째 종류는 바퀴나 비행 장치 등을 통해 자기 스스로 돌아다니는 로봇, 이른바 '자율 이동 로봇'이다. '무인 이동 로봇'이나 '무인 이동체'라는 명칭을 사용하기도 한다. 자율 이동 로봇은 사람이 탑승하지 않는 소형 이동체, 즉 드론이나 이동형 서비스 로봇과 사람이 탑승하는 차량이나 선박, 항공기 등의 운송 수단으로 다시 구분할 수 있을 것 같다.

이렇게 다양한 형태의 서비스 로봇 중, 현실에서 가장 손쉽게 볼 수 있는 로봇의 종류는 어떤 것일까. 현재 우리들의 미래를 가장 확실하게 바꾸어 나갈 로봇은 역시 '자율 이동 로봇'이 아닐까. 신문 기사 등에서 '지능형 서비스 로봇'이라는 단어를 쓰는 경우를 자주 볼 수 있는데, 대부분의 경우는 이런 소형 자율 이동 로봇을 의미하는 경우가 많다. 드론이나 사람이 탑승하는 자율 주행차는 별도의 단어를 쓰는 일이 많기 때문이다. 어쨌든 자율 이동 로봇과 지능형 서비스 로봇은 거의 같은 의미로 통용되고 있다.

※ 사람이 탑승하는 자율 주행 자동차의 경우 'Future 05-3'에서, 하늘을 나는 드론의 경우는 'Future 05-2'에서 알아보기로 하자. 이 장에서 이야기하는 '자율 이동 로봇'은 사람이 편리한 생활을 하도록 돕는 서비스 목적의 로봇을 뜻한다.

중국 물류 로봇 기업인 '긱플러스(Geek+)'는 스마트 공장에 사용되는 다양한 자율 이동 로봇을 판매하고 있다. 2015년 설립된 긱플러스는 지금까지 두산, 월마트, 나이키, 델 등 전세계 200곳 이상의 물류 자동화 프로젝트에 1만 대 이상의 자율 이동 로봇을 공급했다. 긱플러스는 수동 공장에 비해 최대 300~500%까지 생산성을 높일 수 있다고 분석하고 있다. ©긱플러스

굴러다니는 것만으로도 쓸모가 있다

자율 이동 로봇 형태의 서비스 로봇은 이미 우리 주위에서 어렵지 않게 볼 수 있다. 공항을 찾아가 보면 탑승 구역을 홀로 돌아다니고 있는 로봇이 대표적이다. 이런 로봇은 배에 태블릿 PC 형태의 정보 단말기를 붙여 두고 다니는데 공항 이용객이 화면을 터치하면 여러 가지 정보를 검색하게 해 준 다음, 다른 사람을 찾아 다시 이동한다.

이 로봇이 가진 기계적인 기능은 그저 '바퀴를 굴려 이동하는 것' 뿐이다. 나머지는 사실 로봇 기술이 아니라 태블릿 PC의 기능이다. 여기저기 이동하면서 태블릿 PC를 사용하게 해 주는 로봇이라고 불러도 무리가 없지 않을까. 하지만 이 로봇이 쓸모가 없다고 이야기하긴 어렵다. 공항을 이용하는 사람에게는 큰 도움이 되기 때문이다. 즉 공항 내부 정보를 알려주는 기기에 '이동할 수 있는' 기능 한 가지만 덧붙였을 뿐인데 적잖은 쓸모가 생긴 경우다.

이미 실용화된 경우 중 비슷한 사례를 꼽자면 세계 최대의 온라인 쇼핑 업체 '아마존'이 개발한 자율 이동 로봇 '키바'를 들 수 있다. 아마존은 2014년부터 자사의 물류 센터에 자율 이동 로봇 '키바'를 도입해 물품 관리를 하고 있다. 키바는 창고 내부를 돌아다니는 단순한 기능만 갖고 있다. 또 하나의 기능이 더 있는데, 등 위에 붙어 있는 철판을 몇 cm 정도 내미는 것이다.

키바는 이 두 가지 기능만 가지고 창고 속을 누빈다. 물품이 들어있는 정리 선반 밑으로 철판을 밀어 올리면 몇 층으로 쌓인 선반을 그대로 업을 수 있다. 그 다음 다시 정해진 길을 따라 창

아마존은 물품 관리 뿐 아니라 상품 배송에도 로봇을 적극적으로 도입하고 있다. ©아마존

고 관리 직원 앞으로 이동해 온다. 키바는 이 기능을 활용해 원하는 장소에 물건을 자동으로 넣고 꺼낼 수 있다. 아마존은 키바 도입 후 2년 만에 "운영 비용의 20%를 절감하는 효과를 얻었다." 라고 밝힌 바 있다. 아마존은 현재 키바보다 성능이 뛰어난 '샌더스'와 '페가수스'를 개발해 새롭게 도입하기 시작했다.

아마존 사례 이후 이와 비슷한 물류용 자율 이동 로봇은 사회 곳곳으로 퍼져나가고 있다. 이와 비슷한 시스템은 의외로 여러 곳에서 쓰이는데, 앞으로 주차장 자동 관리 시스템, 공항의 수화물 운송 시스템 등 다양한 분야에 빠르게 도입될 것으로 보인다. 바퀴로 이동하면서 한 가지 서비스를 하는 로봇. 이 간단한 자율 이동 로봇이 바꾸는 세상의 모습은 의외로 큰 셈이다.

운동 성능 유지하면서도 '안전성' 높이는 것이 숙제

초기의 로봇 청소기는 '랜덤 주행 방식'이었다. 장애물을 만나면 정해진 각도로 방향을 돌리는 프로그램이었지만 결과적으로 이미 청소한 곳을 다시 청소하는 등의 비효율적 움직임이 문제가 있었다. 이를 보완한 것이 '매핑 방식'으로 이동한 영역의 정보를 기억해 중복되는 청소 영역을 줄일 수 있었지만 이 역시 실내 구조에 따라서는 제대로 작동하지 않았고 이미 청소한 곳은 다시 어지럽혀져도 무시하는 문제가 있었다. 최근에는 이를 해결하기 위해 매핑에 카메라 센서를 추가한 '비전 방식'이 적용되고 있다.

키바가 이렇게 큰 역할을 할 수 있는 건 창고 속이라는 제한된 공간에서 활약하기 때문이다. 애초에 로봇이 움직일 때 사고가 나지 않을 환경을 미리 설계하고 꾸며 주는 식이다.

이것이 우리 주변에서 아직 자율 이동 로봇을 쉽게 볼 수 없는 이유 중 하나이다. 아직 충분한 안전성이 확보되지 않았기 때문이다. 물론 낮은 수준의 자율 이동 로봇은 이미 실용화된 것들이 적지 않다. 20여년 전부터 가정에서 흔히 쓰고 있는 '로봇 청소기'가 대표적이다. 로봇 청소기가 먼저 실용화된 가장 큰 이유는 '사고가 나도 큰 문제가 없기 때문'이다. 로봇 청소기가 내는 사고는 기껏해야 문틈에 끼어 윙윙거리는 정도로, 나중에 사람이 꺼내 주면 전부 해결된다.

공항 안내용 로봇 역시 마찬가지다. 정밀한 이동을 할 필요는 없고, 앞에 사람이나 장애물을 피해 조금씩 움직이는 정도면 충분하다. 또 공항이라는 제한된 공간 안에서만 움직이니 길을 가르쳐 주기도 쉽다.

하지만 자율 이동 로봇의 활용도를 이보다 더 늘리려고 하면 그에 비례해서 사고 위험이 높아진다. 소형 자율 이동 로봇을 만들고, 그 위에 택배 물품을 얹어 배송을 보내는 경우를 생각해 보자.

이런 로봇은 만들기가 훨씬 복잡하다. 신호등을 보고 길을 건너고, 아파트 단지에서 경사 길을 안정적으로 달려가야 할 경우도 있다. 도중에 장애물과 부딪혀 배달해야 할 중요한 물건을 망가뜨릴 우려도 있다. 이런 문제를 해결하려면 로봇이 주위 환경을 완전히 파악하고, 사고가 나지 않는다는 확신이 있을 때 움직이도록 개발해야 하는데, 이를 위해서는 로봇 스스로 주위를 각종 센서 등으로 살펴보고 판단을 하면서 움직여 나가야 한다. 당연히 이동 속도가 느려지게 되고 쓸모도 낮아지게 된다.

인공지능 기술 등 도입하며 실용화 성큼

최근 인공지능 기술, 로봇 기술 등이 발전하면서 앞에서 지적했던 문제들이 조금씩 해결되고 있다. 우선 '물품 배송용 자율주행차'에 대한 실용화 연구가 한창이다. 무인 자율 이동 로봇에 물건을 실어 물품이나 음식을 배달하는 것이다. 도미노피자는 일반 자동차의 절반 크기에 시속 40km로 이동할 수 있는 로봇을 도입할 계획이다.

맥도날드도 자율 주행차 선두 기업인 우버와 함께 음식 배달용 시스템을 연구 중이다. 피자헛도 최근 택배업체 '페덱스'와 공동으로 차량형 배달 로봇을 개발할 계획을 밝혔다. 한국 기업 '배달의민족(배민)'도 비슷한 형태의 배송용 로봇 '딜리' 시리즈를 개발해 선보이고 있다. 또 배민은 식당에서 쓸 수 있는 서빙용 로봇도 개발했다. 주방에서 음식을 선반에 올려 주면, 주문 받은 테이블로 이동하고 손님은 로봇 위에 있는 음식을 직접 손으로 들어 올려 자기 테이블에 올리는 방식이다. 간단한 기능이지만 분명히 쓸모가 큰 기술이다.

결국 자율 이동 로봇이 확고히 인간 생활에 녹아들기 위해선 주변 환경을 능동적으로 파악하는 각종 센서 기능, 이런 정보를 직관적으로 판단하는 인공지능 시스템 발전이 필요해 보인다. 이는 4차 산업혁명을 맞으며 점점 더 현실로 다가오고 있다. 현재 기술 발전 속도로 볼 때 십수 년 정도면 실용화 가능성이 있지 않을까. 언제든지 내 앞에 나타나는 작은 자율 이동 로봇, 이 로봇이 바꾸는 미래 사회의 변화는 결코 작지 않을 것이다.

국내 기업 '배달의민족'이 개발한
서빙 로봇과 그 차세대 버전

배달의민족 '배달로봇' 개발사

2017년	로봇 사업 추진단(현 로봇사업실) 설립
2018년	푸드코드, 피자헛 등에서 서빙 로봇 테스트
2019년	실내 층간 이동 배달 로봇 딜리타워 시범 서비스
	실외 배달 로봇 딜리드라이브 시범 서비스
	레일형 서빙 로봇 딜리슬라이드 시범 서비스
	서빙 로봇 딜리플레이트 상용화
2020년	실내외 모두 배달 가능한 로복 딜리Z 개발
	식당 200여 곳에 딜리플레이트 300대 공급
2022년	수도권 아파트 단지에 딜리드라이브 상용화 확대

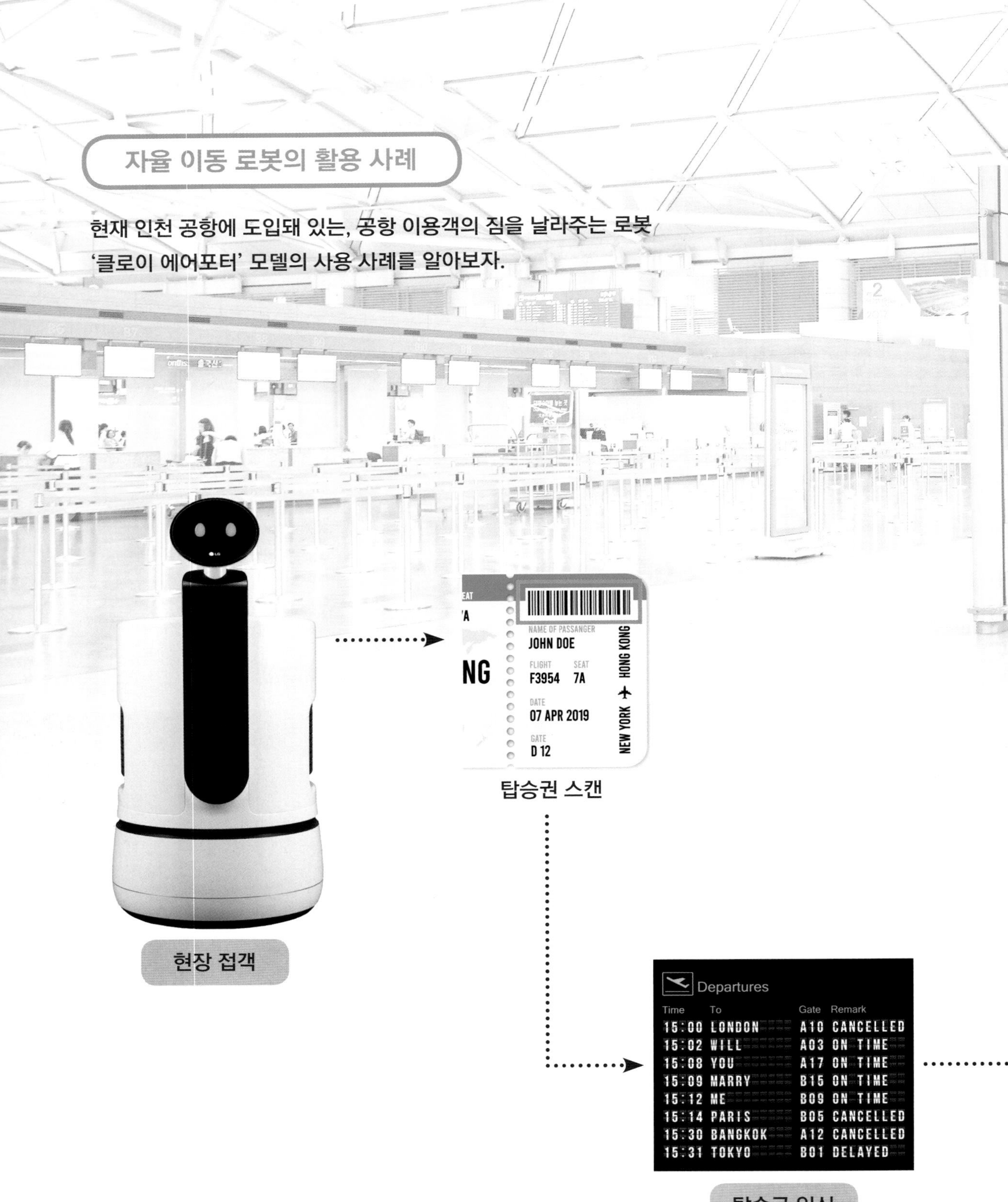

자율 이동 로봇의 활용 사례
현재 인천 공항에 도입돼 있는, 공항 이용객의 짐을 날라주는 로봇
'클로이 에어포터' 모델의 사용 사례를 알아보자.
NAME OF PASSANGER
JOHN DOE
FLIGHT
F3954
SEAT
7A
DATE
07 APR 2019
GATE
D 12
NEW YORK ✈ HONG KONG
Departures
Time To Gate Remark
15:00 LONDON A10 CANCELLED
15:02 WILL A03 ON TIME
15:08 YOU A17 ON TIME
15:09 MARRY B15 ON TIME
15:12 ME B09 ON TIME
15:14 PARIS B05 CANCELLED
15:30 BANGKOK A12 CANCELLED
15:31 TOKYO B01 DELAYED
현장 접객
탑승권 스캔
탑승구 인식

주행
·탑승구까지
·상업/편의 시설까지
·나를 따라
집 내리기
집 올리기
복귀

FUTURE 05-2

드론이 바꾸는 미래 사회

HYUNDAI | Uber
에어 택시로 출장 가고
항공·물류 배송도 자동화

"날 믿어 드론이 더 나아(Trust me. Drone better)." 영화 '아이언맨 2'에는 러시아에서 온 천재 과학자 이반 반코(미키 루크 분)가 등장한다. 그는 악덕 기업체 사장으로부터 "사람이 입으면 힘이 강해지는 웨어러블 로봇을 만들어 달라."는 주문을 받았지만 지시를 듣지 않고 자율적으로 움직이는 무인 로봇, 즉 '드론'을 만들어 버린다. 그러고 나서는 사람이 입고 활약하는 웨어러블 로봇보다 '드론', 즉 자율 이동 로봇이 더 유용하다고 주장한다.

'드론(Drone)'의 뜻은 무엇일까. 원래는 수벌이라는 단어이다. 영국의 무선 조종 항공기 '퀸비(여왕벌)'에 대항하기 위해 만들어진 미국의 무선 항공기에 이 이름이 붙여진 것이 시초라고 한다. 현재 영어권에서는 사람이 탑승하지 않는 기계 장치, 즉 자율 이동 로봇이라는 뜻으로 더 자주 쓰인다. 잠수함이나 배, 비행기 처럼 종류와 관계없이 사람이 직접 조종하지 않는, 자율적으로 움직이는 종류의 '로봇'은 모두 드론이다. 즉 '드론=자율 이동형 로봇'이라고 번역해도 무리가 없다.

하지만 국내에서는 드론이라는 단어의 뜻이 조금 더 제한적으로 쓰이는데, 자율 이동체의 한 종류인 '무인 항공기'를 뜻하는 경우가 대부분이다. 헬리콥터 형태로 제자리에서 이륙하는 '회전익' 형태와 작은 비행기처럼 생겨 빠른 속도로 하늘을 나는 '고정익' 형태로 구분한다.

이 '하늘을 나는' 드론의 인기는 지대하다. 드론을 하늘에 띄우고 조종하며 즐거움을 찾는 레저 활동부터 시작해 항공 촬영, 관측 및 측량, 군사, 과학 기술 분야 등 다양한 분야에서 빠르게 적용되고 있다. 4차 산업혁명을 피부로 실감할 수 있는, 가장 빠르게 실용화되어 가고 있는 기술이기도 하다.

3차원으로 확장되는 생활 공간

드론이 이처럼 인기를 끌고 있는 건 하늘을 자유롭게 날아서 이동할 수 있기 때문이다. 사람은 비행기를 타는 등의 방법으로 제한적인 3차원 공간도 이용하고 있기는 하지만 생활 방식은 어디까지나 평면, 즉 2차원이 기본이다. 하지만 드론을 사용하면 인간은 자신의 주변 공간을 입체적으로 활용할 수 있다. 다른 자율이동 로봇과 달리 드론은 항공 분야에서 활약한다.

드론이 하는 일은 여전히 하늘을 그냥 이동하는 것. 여기에 작은 추가 기능 한 두 가지만 달면 대단히 큰 쓸모가 생긴다.

우선 드론에 영상 촬영 장비를 붙일 수 있다. 드론이 흔하게 쓰이는 분야가 바로 항공 촬영이다. 과거에는 헬리콥터 등을 동

미국 허니웰이 개발한 18인치 크기의 군사용 무인 로봇 'T호크'. 후쿠시마 원전 사고 현장에서는 시속 80km로 비행하며 방사능 피해 상황을 비디오에 담았다. ©허니웰

원해야만 겨우 촬영할 수 있었던 영상을 지금은 누구나 손쉽게 촬영할 수 있게 됐다. 최근 TV나 영화에서 볼 수 있는 항공 영상은 거의 대부분 드론을 이용한 것이다.

드론 밑에 짐을 실을 수 있는 탑재 공간을 붙이면 드론은 훌륭한 '택배 사원'으로 변신할 수 있다. 기술이 발전하면서 앞으로 점점 더 주목받을 것으로 보이는 분야가 물품이나 식음료를 가져다 나르는 '배송' 사업이다. 교통 체증을 피해 하늘로 물건을 옮길 수 있기 때문에 지금의 배송 시스템에 비해 비교도 할 수 없이 빠르고 효율적이다. 이런 '무인 배송 시스템'은 이미 미국 등에서는 일부 실험적으로 쓰이고 있다. 최근엔 유명 식품 프랜차이즈들이 연이어 드론이나 무인 자율 주행차를 이용한 배송 서비스를 준비 중이다. 미국의 아마존이나 도미노피자 등 여러 업체가 드론을 이용한 배달 서비스를 제한적으로 시행하고 있다. 중대형 드론이 자동으로 뜨고 내릴 수 있는 '드론 공항'을 만들면 외딴 섬으로 생필품 등을 배송할 때도 쓸 수 있다. 국내에서도 이 서비스를 실제로 추진 중이다.

행정안전부는 충남·전남의 도서 지역 및 산간 지역 주민들에게 드론으로 물품을 배달하는 서비스를 시험 운영할 계획이라고 2020년 7월 밝혔다. 3년 이내에 10곳의 '드론 배달 기지'를 만들고 본격적으로 서비스를 시작할 계획이다.

드론 밑에 총이나 미사일 발사 장치를 붙이면 훌륭한 전쟁용 무기로 쓸 수 있다. 사람이 타지 않으니 목숨의 위험 없이 안전하게 적진을 정찰할 수 있고, 먼 거리에서 미사일을 날리면 공격도 가능하다. 앞으로는 인공지능 기술의 발달로 공중전을 벌일 수 있는 무인 전투기의 등장도 기대되고 있다.

경찰이나 소방서, 해안 경비대 등에서도 드론의 활용성은 무궁무진하다. 산불 및 해안 감시, 사고 현장 확인 등 다양한 분야에서 쓰인다. 2011년 3월 동일본 대지진으로 '후쿠시마(福島) 원전 사고'가 발생하자 도쿄전력은 사고 현장에 미국 '허니웰'사가

개발한 T호크(T-Hawk)라는 원격 조종 드론을 6차례나 투입하기도 했다. 이 드론은 하늘에서 원전의 현재 상황을 알아내고 복구하는데 큰 도움이 됐다.

과거에는 도저히 드론으로 할 수 없을 것 같은 다양한 특수 임무를 맡는 경우도 생겨나고 있다. 드론에 각종 계측 장비를 달아 특수 목적에 활용하는 식이다. 공간 정보 데이터 획득이 가능한 고정밀 카메라를 장착해 지적(토지 기록) 관리용 데이터를 만들 수 있고, 인공위성 신호와 카메라 계측을 이용해 복잡한 측량을 손쉽게 처리할 수 있는 드론도 출시되고 있다. 미세 먼지 측정과 기상 관측이 가능한 상용 드론도 존재한다.

한국건설기술연구원은 드론을 이용해 건축물의 안전 검사를 시행하는 기술을 개발한 바 있다. 교량이나 빌딩까지 날아간 특수 드론을 벽면에 부착시킨 다음, 내장된 진동 센서를 이용해 복잡한 안전 검사를 대체할 수 있게 만든 것이다.

유콘시스템이 개발한 공간 정보용 드론 '리모아이'. 각종 촬영 및 안전 검사를 실행할 수 있어 한국건설기술연구원이 제공하는 녹조 농도 측정 기술을 이용해 하천 녹조 모니터링 임무를 수행한다. ©유콘시스템

도심에서 활용하려면 안전성 부족

드론은 우리가 살아가는 사회의 모습 그 자체를 바꿀 만한 잠재력을 갖고 있다. 그러나 드론을 각종 서비스에 도입하려는 여러 시도와 별개로, 아직 드론이 본격적으로 활용되고 있다고 보기는 어렵다. 가장 큰 걸림돌은 드론을 완전히 상용화할 만한 기술과 인프라가 부족하다는 점이다. 예를 들어 한적한 시골 환경에선 제한적이지만 드론으로 배송이 가능하고, 지금도 실험적으로 쓰이고 있다. 그러나 도심 환경에 적용하려면 이야기가 달라진다. 하늘을 날던 드론이 어딘가 부딪혀 사람 위로 떨어지기라도 하면 큰 상해를 입힐 수도 있다. 이 때문에 대부분의 국가는 도심 상공을 '비행 금지 구역'으로 묶어 두고 있다.

이런 문제들을 해결하려면 먼저 드론의 길잡이가 될 정밀 지도가 필요하다. 건물의 입간판, 전신주 등의 위치까지 포함된 완전한 3차원 입체 지도를 만들 필요가 있다. 드론이 날아가다가 위험한 곳에 부딪히지 않도록 드론에게 신호를 보내주는 발신기 등을 도심 곳곳에 설치할 필요도 생긴다. 또 갑작스레 튀어 나오는 자동차나 사람 등을 피할 수 있도록 라이다(레이저 스캐너), 레이더, 초음파 센서 등 다양한 센서를 적절히 활용해, 드론 스스로 주변을 감지하는 기술, 그리고 이런 정보를 능동적으로 판단하고 위험을 회피해 임무를 완수하는 인공지능 기술의 발전도 필요하다. 현재 드론 기술이 가장 뛰어난 곳은 다수의 드론 정찰기를 운영하고 있는 미군으로 보이는데, 이곳에서도 완전한 자율운전 기능은 갖추지 못해 인공위성을 통해 사람이 원격 조종하고 있다.

차량 공유 업체 우버가 구상했던 자율 주행 항공 택시 스테이션. 현재는 현대자동차가 해당 사업을 이어 받아 오로라와 조비 에비에이션과 함께 미래 모빌리티 사업을 이끌어 가고 있다.

인공지능 + 변신 기술로 한계 돌파

두 번째 문제는 항공기가 가진 구조적 약점을 해결하는 것이다. 고정익 드론은 장시간 비행이 가능하고 속도도 빠르다. 하지만 뜨고 내리려면 활주로가 필요하고 자유롭게 방향을 바꾸기도 어렵다. 회전익은 이와 반대다. 수직으로 뜨고 내릴 수 있고 방향 전환도 자유자재로 할 수 있다. 연료 소모가 커 장시간 비행이 어렵고 속도도 느리다.

이 때문에 사람이 타는 유인 항공기의 경우 크기가 적지 않아 다양한 환경에서 쓰기 어렵다. 목적에 따라 여러 가지 항공기를 제작해 사용한다. 하지만 드론의 경우 이야기가 달라진다. 배송, 항공 촬영 등을 목적으로 사용하려면 어느 곳에서나 수직으로 뜨고 내릴 필요가 있다. 이곳저곳 자유자재로 날아다니려면 빠른 속도로 날아다닐 필요도 생기는 것이다. 드론은 유인 항공기에 비해 크기가 작아 연료 탑재량이 크지 않고 배터리로 움직이는 경우도 많다. 결국 장거리 비행 기능과 수직 이착륙 기능을 동시에 구현해야 하는 숙제가 생긴다.

이 추세를 반영해 최신형 드론 연구의 추세는 '변신 기능'이다. 헬리콥터처럼 이륙하지만 날개도 달려 있는 드론이다. 공중에 뜬 다음엔 추진기의 방향을 뒤로 돌려 빠른 속도로 날아간다. 중대형 드론의 경우 프로펠러의 방향을 꺾는 '틸트' 기능을 이용하는 경우가 많으며, 소형 드론에서는 앞은 물론 머리 위에도 작은 프로펠러를 여러 대 달고 있는 경우도 있다. 사실 최초의 변신형 드론은 국내에서 개발됐다. 2011년 한국항공우주연구원(항우연)이 개발한 '스마트 무인기'가 첫 변신형 드론으로 꼽힌다. 이후

한국항공우주연구원이 개발한 바 있는 '쿼드틸트프롭 무인기'. 스마트 무인기의 뒤를 이어 다시금 개발한 수직이착륙, 고속비행이 가능한 모델로 효율을 더 높였다.

다양한 변신형 드론이 개발되기 시작했다. 이런 기술을 적용하면 먼 거리까지 빠르게 날아가 문 앞까지 문건을 가져다 줄 수 있는 배송 로봇, 비행장이 필요 없는 중대형 운송용 드론 등의 실용화도 가능할 것으로 보인다.

도미노피자는 최근 성균관대학교 내 매장에서 드론 '도미 에어'와 자율 주행 로봇 '도미 런'을 이용한 배달 서비스를 테스트하였다. ©도미노피자

전문가 사이에선 "드론이 실생활에 완전히 녹아들기 위해서는 현재까지 개발된 기술 수준에 맞는 제도적 보완이 반드시 필요하다."는 의견이 자주 나온다. 예를 들어 드론의 도심 지역 비행은 금지돼 있다. 도심에서 사고를 일으킬 경우 안전 문제를 일으킬 수 있고, 테러 목적으로 악용될 수 있다. 여객기와 충돌해 항공사고를 일으킬 우려도 있어 공항 근처에서도 쓸 수 없다. 기술의 개발에 발맞춰 이런 제약이 해소될 필요가 있지만 현실은 다소 괴리가 있다. 국가 행정 기관은 "기술이 완전해진 다음에야 제도 완화를 검토해 볼 수 있다."는 입장이지만 연구 개발자들은 "연구 활동까지 제한받는 경우가 많아 이를 배려해 줘야 한다."는 목소리가 크다.

최근 급진전하고 있는 로봇 기술, 인공지능 기술 등이 합쳐지며 드론의 실용화 역시 빠르게 진행될 것이다. 관련 제도만 빠르게 개선할 수 있다면 사람이 탈 수 있는 대형 드론이 빌딩 위를 날아다니는 세상, 스마트폰으로 주문 버튼을 눌러 로봇이 배달해 준 짜장면을 먹는 풍경이 불과 십수 년 안에 현실로 다가올 것이라 기대된다.

드론의 비행 조종

정지

로터들의 속도가 같고
전체 추진력이 드론의 무게를 상쇄

시계 방향 회전

시계 방향(CW) 로터들을 빠르게
반시계 방향(CCW) 로터들을 느리게

전진

후면 로터들을 빠르게
전면 로터들을 느리게

좌로 이동

좌측 로터들을 빠르게
우측 로터들을 느리게

상승 및 하강

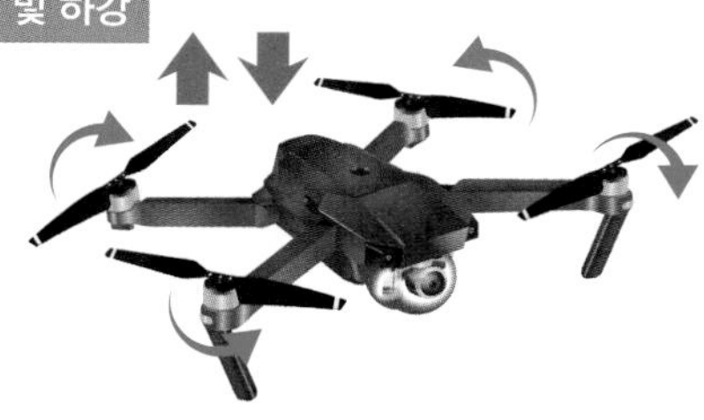

모든 로터들을 동일하게
빠르게 혹은 느리게

반시계 방향 회전

반시계 방향 로터들을 느리게
시계 방향 로터들을 빠르게

후진

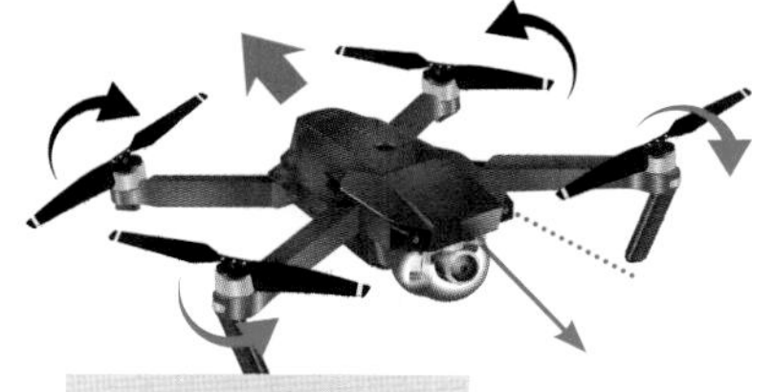

후면 로터들을 느리게
전면 로터들을 빠르게

우로 이동

우측 로터들을 빠르게
좌측 로터들을 느리게

도로 시스템 혁신 자율 주행차의 등장

사라질 교통 신호
특수 면허로 바뀔
운전 면허증

AUTOPILOT
START

자율 이동 로봇 중 가장 대표적이며, 미래 도심 생활을 큰 폭으로 변화시킬 것으로 꼽히는 것은 아마도 '자율 주행차'가 아닐까 여겨진다. 자율 주행차는 사람이 직접 탑승하고 이용하기 때문에 이를 '지능형 서비스 로봇'이라고 구분하는 경우는 많지 않다. 그러나 스스로 지상 위를 달리며 나아가는 명백한 '로봇'의 한 분류이기도 하다. 자동차가 현대 생활에 미치는 영향을 생각해 보면, 자동차 기술의 혁신은 인류의 생활 양식 자체를 바꿀만한 충분한 힘이 있다.

자율 주행차는 미래가 아니라 이미 현실 속의 존재가 되고 있다. 이미 많은 자동차 회사가 자율 주행 기능을 기본적으로 탑재하고 있다. 그러나 한편으로는 아직까지 '사람이 일체 운전할 필요가 없는 완전한 자율 주행'은 현실 속으로 들어오지는 못하고 있어 기술 개발의 한계를 느낄 수도 있는 분야다. 인간이 완전히 간섭하지 않아도 되는 자율 주행차는 우리 생활을 어떻게 바꾸어 나갈까. 그리고 자율 주행차가 완전히 실용화되려면 어떤 노력이 필요할까.

운전 편의성은 높아지고 교통사고는 감소하고

자율 주행차의 기술 수준은 현재 크게 6단계로 구분하는데, 자동화 기능 없이 운전자가 모든 것을 제어하는 0단계. 관찰 및 구동 기능을 일부 운전 보조 시스템이 담당하는 것이 1~2단계다. 현재 판매 중인 자동차 대부분은 1~2단계 정도의 자율 주행 기능이 있다. 여기서 3단계만 되면 운전의 주체가 사람이 아닌 자동차가 된다. 주변 환경을 파악해 자율적으로 움직이며, 특정한 상황에서만 사람이 개입하는 단계다.

4단계가 되면 사람이 일체 개입할 필요가 없어진다. 다만 '자율 주행차용으로 만들어진 전용 도로'에서만 주행 가능하기 때문에 특수한 상황에선 여전히 운전이 필요할 수 있다.

5단계는 시골길, 오프로드 등 모든 환경에서 운전자 개입이 일체 필요 없는 '완전 자동화' 단계다.

2020년 현재 기술 수준은 어떨까. 이미 자율 주행 택시 서비스를 시행하고 있는 회사도 있다. 미국의 우버, 웨이모(구글) 등이다. 자동차가 운전을 하지만, 사람이 차량의 안전을 책임지고 운전대에 앉아 있는 형식이다. 3단계와 4단계의 중간 정도로 볼 수 있다.

앞으로 4단계만 되어도 도시 생활을 하는 현대인들은 운전대에 손을 올릴 일이 거의 없을 것으로 보인다. 5단계까지 실용화된다면 운전석이 완전히 사라진 자동차가 판매될 수도 있다.

4단계 이상의 완전한 자율 주행차는 인간을 운전에서 해방시켜 준다. 이미 자기 스스로 움직이는 '자율 이동 로봇'은 세상에 꽤 여러 종류가 나와 있지만 유독 자동차만 이처럼 복잡한 과정을 거쳐 개발하는 이유는 다름 아닌 '안전성' 때문이다. 사람이 타고 빠르게 이동해야 하니 다른 로봇과 비교해 압도적으로 높은 안전성을 요구받는다.

이 사실은 자율 주행차 기술이 완성된다면 인간이 운전하는 것 보다 훨씬 더 안전하다는 뜻도 된다. 지금까지 인간이 운전을 하기 때문에 생겼던 도로상의 부조리함을 일거에 해소할 잠재력을 갖고 있는 셈이다.

사람이 운전을 아예 하지 않으면 도로에선 어떤 일이 일어날까. 우선 교통사고가 크게 줄어들 것이다. 도로상에서 일어나는 자동차 사고 중 기계 장치의 결함으로 인한 사고의 비율은 그리 높지 않다. 대부분의 경우 운전자의 실수나 역량 부족에서 기인한다. 졸음운전을 하거나 운전 부주의로 사고를 내는 경우 등이다. 물론 안개 때문에 앞이 보이지 않아 연속 추돌 사고를 내는 경우나 앞차가 끼어드는 등 갑작스런 주위 환경 변화에 재빠르게 반응하지 못하는 경우처럼 사람의 힘으로서는 해결할 수 없는 문제가 원인이 되는 상황도 있다.

전문가들은 국내 최다 추돌 사고로 기록된 2015년 2월 인천 영종대교 105중 추돌 사고도 자율 주행차 기술이 도입되었더라면 막을 수 있었던 사고라고 단정한다. 안개가 아무리 짙게 끼어도 차량 앞에 장착하는 전파 센서(레이더)는 정상 작동하는데다, 이날 주요 사고 원인 중 하나는 블랙 아이스(도로 표면에 붙은 검은 얼음)를 운전자가 미처 인지하지 못하고 운전하다가 바퀴가 미끄러진 것이었다. 이런 문제도 자율 주행차에겐 별 문제가 되지 않는다. 4~5단계 정도의 자율 주행차는 바퀴 한두 개가 미끄러지더라도 당황하지 않고 각 바퀴로 가는 동력을 자동으로 조절해 차량을 제어할 수 있기 때문이다.

미래의 자동차는 주위 자동차와 신호를 주고 받으며 사고를 미연에 방지하는 시스템이 장착될 것으로 보인다. ©LG전자

자율 주행차 외부 인식 주요 장치
라이다
주변 환경 360도 인식
카메라
신호등, 차량, 보행자 등 분별
컴퓨터 시스템
데이터를 분석해 움직임 제어
초음파 센서
근접 차량 인식
GPS
차량의 경로와 위치 판단
레이더
전후방 차량 인식
컴퓨터 시스템
데이터를 분석해 움직임 제어

역사 속으로 사라질 교통 체증

미래 자동차의 특징 중 하나는 '연결형 자율 주행 자동차(CAV)'로 발전해 나갈거라는 점이다. 자동차와 도로 주위의 각종 센서, 주변에 있는 다른 자동차 등이 서로 무선 신호를 주고 받도록 만드는 기술이다. 3단계까지의 자율 주행은 한 대의 자동차만 잘 만들면 어느 정도 통제가 가능하다. 하지만 4단계 이후부터는 CAV 형태가 대세가 될 것으로 보고 있다. 앞 차에 갑작스럽게 문제가 생기면 뒷 차량에 자동으로 신호가 전달되기 때문에 사고를 미연에 막을 수 있다.

이 시스템이 완전히 도입된다면 도로에서 '교통 체증'이라는 말은 사라질 공산이 크다. 교차로에 신호등이 없기 때문이다. 얼핏 보기엔 모든 차량이 교차로를 그대로 가로질러 다니는 상황이 위험천만하게 보이지만, 실제로는 모든 차량이 무선 신호를 주고받으며 교차로를 통과할 순서를 결정하는 방식이다. 차를 멈추지 않고 조금씩만 속도를 조정해 멈추지 않고도 충돌을 회피한다. 이 시기가 되면 개인이 직접 차량을 구매하는 사람은 거의 없을 것으로 보인다. 자율 주행차를 공유 서비스로 이용하는 편이 더 편리하기 때문이다. 매월 자동차 사용권 등을 구매하는 것만으로 차량은 손쉽게 이용할 수 있게 된다.

물론 사람이 운전하는 자동차가 완전히 사라지리라고 보기는 어렵다. 경찰차나 구급차, 군사용 차량 같은 특수 차량들은 제한적으로 인간이 운전할 수 있을 것으로 보인다. 이런 차량을 운전하려는 사람은 특별 면허를 취득해야 하고 사용 목적에 부합할 때만 운전할 수 있다. 시스템이 이 정도로 발전하면 도로에서 사라진 신호등은 아마도 차량 내부에 설치될 것이다. 인간이 운전하는 차가 우선권을 갖게 되므로 이런 차량이 지나갈 경우에 무선 신호를 받은 차량은 내부 신호등에 붉은 등을 켜고 자신의 차례가 오길 기다리게 된다. 그래 봐야 정차 시간은 몇 초 이내가 될 것으로 보인다.

인공지능 도입한 자율 주행 소프트웨어 기술 필요

운전자를 대신하는 자율 주행 소프트웨어 시스템은 주행 관련 모든 데이터를 수집하고, 정리해 차를 제어해야 한다. 각종 센서에서 들어온 정보, 주변 다른 차량으로부터 받은 정보, 차량 전체의 흐름을 관리하는 정부의 도로 관리 센터로부터 받는 정보 등을 복합적으로 계산하고, 실시간 도로 상황이 표시된 정밀 지도를 이용해 차량의 현재 위치, 차선과 교차로, 이동 경로도 만들어야 한다.

자율 주행차는 대부분 카메라, 레이더(전파 센서), 라이다(레이저 센서)를 함께 사용한다. 카메라로 차선과 교통 신호, 교통 표지판을 인식하고, 레이더와 라이다로 주변 차량이나 보행자 등이 차량 주위에 있는지 확인한다. 자율적으로 차량을 통제할 인공지능 기술은 필수적이다. 또 주위 차량과의 통신 기술도 필수적이다. 최근 서비스를 시작한 5세대(5G) 이동 통신 기술을 이용하면 차량 운행에 필요한 정보는 빠른 속도로 언제든지 주고 받을 수 있어 CAV형 자율 주행차 실용화가 한층 더 빨라지는 계기가 될 것으로 기대되고 있다.

다양한 도로 환경에 대한 개선도 필요하다. 현재 인간 운전자를 위해 만들어진 신호등, 교통 법규 등도 자율 주행차가 좀더 잘 인식할 수 있도록 개선하는 작업도 필요하다. 도로 곳곳에 자율 주행차의 운행을 돕는 각종 표식, 위치 정보 발신 장치 등을 설치하는 작업도 필요할 것이다.

자율 주행 차량 센서 시스템
차선 이탈 경고 장치(LDW)
교통 표지판 인식(TSR)
비디오 카메라
적응식 정속 주행 장치(ACC)
장거리 레이더 (LRR)
클라우드 컴퓨팅
센서
액티브 세이프티
안전
사각지대 모니터 (BSM)
중거리 레이더 (MRR)
주차 조향 보조 장치
초음파 레이더
비상 제동력 보조 장치(EBA)
보행자 검출
충돌 방지 장치
라이다
교차 교통 경고 장치
중거리 레이더 (MRR)
중앙 컴퓨터
서라운드뷰 카메라
비디오 카메라
원격 제어
GPS
후방 충돌 경고 장치 (RCW)
교차 교통 경고 장치
중거리 레이더 (MRR)

12㎞를 채 달리지 못했던 '첫 자율 주행차'

자율 주행차 혁신의 계기를 마련한 건 미국 국방성 방위 고등 연구 계획국(DARPA)이다. DARPA는 가끔 '챌린지(Challenge)'란 이름을 붙여 공모 과제를 내는 것으로 유명한데, 자율 주행차 혁신은 DARPA로부터 비롯됐다는 사실에 이견을 제시할 사람은 많지 않다.

DARPA는 챌린지 대회에 높은 상금을 걸고, 예선 과정에서 선발된 팀에는 연구비까지 지원한다. 언제 대회를 열겠다. 그때까지 이 연구 과제를 최대한 만들어서 와라. 가장 잘한 사람에겐 거액의 상금을 주겠다며 의욕을 돋구는 것이다. 그들에게는 경진 대회 운영조차 연구 개발의 일환인 셈이다.

DARPA는 2004~2005년에 '그랜드 챌린지', 2007년에 '어반 챌린지'라는 대회를 열었는데 그 당시만 해도 사람들은 '사람이 운전을 하지 않는 자동차가 달린다는 건 공상 과학 소설에서나 가능한 일'이라고 생각하는 경우가 대부분이었다. 사람들이 미처 생각도 못 하던 일을 연구 과제로 내걸고 대회에 참가하라고 독려한 것이다.

우선 그랜드 챌린지는 무인 자동차로 사막 지역의 비포장 도로 주행을 겨루는 시합이다. 지금이라면 우습게 해치울 수 있는 일이겠지만 그 당시 기술로는 자동차가 운전자 없이 주행을 한다는 것 자체가 불가능하게 여겨졌다. 2004년 대회는 미국의 모하비 사막 지역 I-15번 고속도로의 캘리포니아주 바스토와 캘리포니아-네바다주 경계의 프림(Primm) 사이의 240km 구간에서 열렸다. 이 대회에선 단 한 대도 완주에 성공하지 못했다. 1위를 했던 카네기멜론대학교 소속 연구 팀이 고작 11.78km를 달려 나가다 길을 잃고 정지한 게 전부다.

대회에 걸린 상금과 기대에 비해 인간 기술력의 '참패'라고 할 수 있는 결과였지만 DARPA는 도리어 "내년에 대회를 다시 열겠다. 상금은 두 배다."라고 공표한다.

불과 1년 사이에 기술은 급속도로 발전했다. 2005년 열린 경기코스에선 5개 팀이 이 긴 코스를 완주하기에 이른다. 1위는 스탠퍼드대학의 '스탠리'가, 2위와 3위는 카네기멜론대학의 샌드스톰과 하이랜더가 각각 차지했다.

욕심이 난 DARPA는 숫제 '이번엔 도심을 가로질러 가 보자'는 주장을 한다. 이 자율 주행차 대회는 마침내 '어반 챌린지'란 이름으로 2007년 11월 3일 폐쇄된 캘리포니아 빅터빌 소재 조지 공군 기지(현재는 서던 캘리포니아 병참 공항)에서 열렸다. 경기 코스는 총 96km(60마일). 쉽게 말해 도심 속 구간을 6시간 이내에 완주해야 했다. 과학자들은 이 대회마저 해치웠다. 우승은 이번에도 카네기론대학교 연구진. 타탄 레이싱 팀의 '보스(Boss)'가, 2위는 폭스바겐 파삿웨건을 개조한 스탠퍼드대학의 '주니어(Junior)'가 차지했다.

이 사건은 왜 중요했을까. 그랜드 챌린지와 어반 챌린지 참가 멤버들이 현재 전 세계의 자율 주행 연구 과정에서 중추 역할을 하고 있기 때문이다. 자율 주행차 연구 분야 정상을 달리는 구글, 우버, 도요타 등의 기업 연구 팀을 이끌고 있다.

DARPA는 이 대회 이후 몇년이 지나 또 한 번 세상을 놀라게 할 만한 '챌린지' 대회를 2015년 열었는데, Future 02-2장에서 소개한 '재난 대응 로봇'인 '로보틱스 챌린지'다. 이 대회에서 우리나라 KAIST 연구진이 인간형 로봇 '휴보'로 우승한 것은 잘 알려진 이야기다. 그랜드 챌린지와 어반 챌린지를 거쳐 자율 주행차는 세상에 나올 수 있었다. 앞으로 십수 년 후, 이번에는 인간형 로봇의 실용화가 이뤄질지 큰 기대가 되는 대목이다.